Statistik macchiato

Andreas Lindenberg · Irmgard Wagner
Illustriert von Peter Fejes

Statistik macchiato

Cartoon-Statistikkurs für
Schüler und Studenten

ein Imprint von Pearson Education

München · Boston · San Francisco · Harlow, England
Don Mills, Ontario · Sydney · Mexico City · Madrid · Amsterdam

Bibliografische Information Der Deutschen Bibliothek

Die Deutsche Bibliothek verzeichnet diese Publikation in der Deutschen Nationalbibliografie;
detaillierte bibliografische Daten sind im Internet über http://dnb.ddb.de abrufbar.

Umwelthinweis:
Dieses Produkt wurde auf chlorfrei gebleichtem Papier gedruckt.

10 9 8 7 6 5 4 3 2 1
09 08 07

ISBN 978-3-8273-7241-3

© 2007 Pearson Studium
ein Imprint der Pearson Education Deutschland GmbH
Martin-Kollar-Str. 10-12, D-81829 München
Alle Rechte vorbehalten
www.pearson-studium.de

Lektorat: Michaela Heine, mheine@pearson.de
Fachlektorat: Dr. Ludwig Feichtinger, Universität Salzburg
Korrektorat: Petra Kienle, Fürstenfeldbruck
Herstellung und Satz: m2 design, Sterzing, www.m2-design.org
Druck und Verarbeitung: Bercker Graphischer Betrieb, Kevelaer

Printed in Germany

Inhalt

BEVOR WIR RICHTIG ANFANGEN...

DIE DARSTELLER

HERR OMEGA
(KNECHT)

FRAU STATISTICA
(CHEFIN)

BERNIE
(PRAKTIKANT)

MISTER „X"
(NOTWENDIGES ÜBEL)

Vorwort

Warum Sie sich auf dieses Statistikbuch freuen dürfen

Latte macchiato, das Kultgetränk aus Milchschaum und starkem Espresso, hat den beiden Büchern *Mathe macchiato* und *Mathe macchiato Analysis* den Namen gegeben. „*Latte macchiato*" heißt wörtlich übersetzt „befleckte Milch". Die „befleckte Mathematik" stellt ein Gegenprogramm zur „reinen Mathematik" dar. Die Bücher wollen die reine Wissenschaft mit der dunkelbraunen, aber äußerst anregenden Praxisbrühe beflecken.

Genau nach diesem Muster wollen wir die Statistik mit Unterhaltung aufmischen, damit Aha-Momente Lust machen auf eine Entdeckungsreise durch die Statistik und ihre Geheimnisse.

Obwohl viele Menschen Statistik benötigen und das Veröffentlichen von statistischen Ergebnissen zu unserem Alltag gehört, bleibt die Statistik doch für viele eine geheimnisvolle Wissenschaft. Hier möchte dieses Buch eine unterhaltsame Alternative bieten und die Grundlagen der Statistik mit Cartoongeschichten und vielen bildlichen Darstellungen vermitteln.

Bei den Beispielen bleiben wir dem Prinzip von Mathe macchiato treu, dass sie nicht abstrakt sind, sondern konkret aus interessanten Problemstellungen des täglichen Lebens stammen. Sie haben den Vorteil, dass sie unmittelbar zeigen und motivieren, wo die Statistik angewendet werden kann. Die PISA-Studie hat unsere Defizite offenbart. Der Ansatz Mathe macchiato und Statistik macchiato bedeutet einen Schritt in eine neue Richtung.

Wer das Ganze geschrieben hat

Zu dem bei Mathe macchiato bereits bewährten Team Irmgard Wagner und Peter Fejes ist diesmal als Autor Andreas Lindenberg dazu gestoßen, der den Anstoß zu diesem Buchthema gegeben hat. Herr Lindenberg wendet als Unternehmer selbst eine Reihe von statistischen Methoden bei der Bewertung verschiedener Aktivitäten im Internet an. Daneben unterrichtet Andreas Lindenberg am Abendgymnasium in Nürnberg Schüler, die sich auf das Abitur in Statistik und

Analysis vorbereiten. Irmgard Wagner hat zehn Jahre lang Mathematik unterrichtet und arbeitet derzeit als Buchlektorin. Sie ist Koautorin der beiden Bücher Mathe macchiato und Mathe macchiato Analysis. Peter Fejes unterrichtet Grafik und arbeitet als freiberuflicher Illustrator.

Ludwig Feichtinger, Statistikdozent der Universität Salzburg, unterstützte das Team als Fachlektor. Die Autoren entwickelten das Buch im Laufe vieler Diskussionen. Mit dem Spaß und den interessanten Einsichten, die wir bei der gemeinsamen Arbeit hatten, wollen wir den Statistikunterricht neu beleben und den Studenten einen optimalen Start in den Fächern geben, wo Statistik benötigt wird.

Widmung

Herr Lindenberg widmet dieses Buch seiner Mathematiklehrerin Ingrid Wagner (+1996), die ihn als erste Statistik gelehrt und 1983 zum Abitur geführt hatte.

Mit wem Sie es hier zu tun haben

Die Gespräche in diesem Buch führen Statistica und Bernie. Bernie beginnt eine neue Berufslaufbahn in einer Unternehmensberatung. Er wird eingestellt, obwohl seine statistischen Kenntnisse für den Job nicht ausreichen. Er bekommt die Chance, seine Lücken in einem Praktikum zu schließen. Statistica, seine Chefin, führt ihn durch Situationen, in denen er an praktischen Beispielen die Statistik lernt. Wir laden den Leser ein, gemeinsam mit Bernie schrittweise die Geheimnisse der Statistik zu lüften. Omega und andere Gehilfen unterstützen Statistica und zeigen, dass Analogien und Humor auch abstrakte Grundkonstruktionen der Statistik verständlich machen.

Für wen und wofür dieses Buch gedacht ist

Dieses Buch Statistik macchiato ersetzt kein Statistiklehrbuch. Sie können es lesen zur Unterhaltung, zur Ergänzung des Schulunterrichts oder der entsprechenden Lehrveranstaltung. Es führt durch den Lehrstoff, der für das Abitur gebraucht wird und der in vielen Statistikvorlesungen (in ganz unterschiedlichen Bereichen, wie Psychologie, Wirtschaft oder Medizin) vorausgesetzt wird.

Aber auch wenn Sie weder für Studium noch für Beruf Statistik benötigen, kommen Sie an ihr nicht ganz vorbei. Nahezu täglich lesen Sie von Voraussagen oder Prognosen in den Zeitungen oder Sie sehen diese in den Nachrichten. Dabei wird manchmal auch erwähnt, mit welcher Zuverlässigkeit Sie sich darauf verlassen können. Und schon sind Sie mitten drin in der Statistik. Denn um zu interpretieren, was das bedeutet, sind Grundkenntnisse der Statistik hilfreich. Und auch dafür ist dieses Buch geschrieben.

Statistik oder Stochastik

Im Mathematikunterricht der Oberstufe wird Stochastik unterrichtet. In der Uni heißt die Vorlesung über den entsprechenden Lehrstoff Statistik. Das spiegelt sich im Buchtitel wieder. Statistik macchiato: Stochastikkurs für Schüler und Studenten. Im Buch gehen wir darauf ein, woher die Namen Statistik und Stochastik kommen. So viel soll hier verraten werden: Der Name Stochastik hat seine Berechtigung, weil er die Gebiete Statistik und Wahrscheinlichkeitsrechnung umfasst.

Das Buch enthält im Wesentlichen den Lehrstoff, der an Gymnasien unterrichtet wird, wobei natürlich in einem Cartoonkurs nur Grundlagen vermittelt werden können. Das Schwergewicht liegt hier auf dem Verständnis. Cartoongeschichten sollen Zusammenhänge darstellen und die Anwendung erleichtern. Da der Lehrstoff nicht in allen deutschsprachigen Ländern exakt gleich ist, wird auch einmal etwas zu finden sein, was nicht Stoff der jeweiligen Schule ist. Manches wird auch nur im Leistungskurs gelehrt.

Das erste Kapitel wird so in der Schule nicht gelehrt. Jede Statistikanwendung beginnt aber genau da: Datenmaterial sammeln und kennzeichnen. Jede Statistikvorlesung an der Uni beginnt mit deskriptiver Statistik.

Warum ganz hinten ein Praxistraining drin ist

Was in normalen Lehrbüchern Übungen genannt wird, weil Sie als Leser dabei etwas tun müssen, heißt bei uns Praxistraining. Wie auch sonst in unserem Buch wollen wir Sie durch Beispiele aus dem wirklichen Leben motivieren. Deshalb gibt es bei uns nicht alle Übungen, die notwendig sind, um in der Statistik fit zu werden. Die finden Sie in jedem Statistiklehrbuch. Wir wollen Aha-Momente vermitteln.

Damit Ihr Lesegenuss nicht zu sehr leidet, haben wir diese Trainingsabteilung an den Schluss des Buchs gepackt. Hier finden Sie außerdem eine nach Kapiteln geordnete Formelübersicht.

Im Internet unter www.pearson-studium.de erhalten Sie die ausführliche Lösung zu diesen Übungsaufgaben. (Nach einem Klick auf das Buch *Statistik macchiato* klicken Sie auf den nebenstehenden Button für Studenten.) Außerdem finden Sie ein paar Bilder des Buchs, die Sie als Folie verwenden können, um Ihren Unterricht zu beleben.

Konventionen des Buchs

Hier finden Sie wichtige Bemerkungen, die Ihnen das statistische Leben leichter machen sollen. Sie sind nicht unbedingt wichtig für das Verständnis des Kapitels. Sie wollen vielmehr das gerade Gelernte mit Ihren zukünftigen statistischen Anwendungen in Verbindung bringen.

Hier stehen zusätzliche Informationen, die für eine Vertiefung des Stoffes interessant sind, für den Lesezusammenhang aber nicht wichtig sind.

Am Ende jedes Kapitels finden Sie kurz und knapp, was die Essenz eines Kapitels ist. Damit können Sie überprüfen, ob sich Ihr Statistikwissen durch dieses Kapitel erweitert hat.

Danke!

Auch wenn dieses Buch die Statistik vereinfacht – es zu machen, war wahnsinnig kompliziert: einen logischen Aufbau zu finden, den abstrakten Sachverhalt in Bilder zu bringen, die manchmal trockene Sache und die hin und wieder schnoddrige Sprache in Einklang zu bringen, Bilder und Text zusammenzufummeln, Umschmeißen, Korrigieren, zwei Autoren und einen Illustrator zu harmonisieren ... Mensch sind wir froh, dass das geklappt hat. Möglich wurde das nur durch viele engagierte Menschen.

Danke dem Verlag Pearson Studium, insbesondere *Doris Linka* und *Michaela Heine*, die das Vorhaben mit Rat und Tat unterstützt haben.

Danke an *Dr. Ludwig Feichtinger* von der Universität Salzburg, der das Manuskript gelesen und manch nützlichen Rat gegeben hat.

Danke an die Korrekturleserin *Petra Kienle*, die dafür gesorgt hat, dass Statistica und Co. fehlerfreies Deutsch sprechen.

Danke an *Tiki Küstenmacher* und *Heinz Partoll*, die an den Vorgängern dieses Buchs mitgewirkt haben und ohne die dieses Buch nicht möglich gewesen wäre.

Danke an *Martina Messner*, die das Buch gesetzt hat. Ohne ihre professionelle Power bei Satz und Layout wäre das Buch nicht pünktlich fertig geworden.

Danke an *Familien und Freunde*, die uns in der manchmal mühsamen Kreativphase unterstützten.

Der allergrößte Dank geht aber an Sie, liebe *Leserin* und *Leser*. Dass Sie die Statistik neu entdecken wollen, dass Sie dieses Buch lesen und sich dabei sogar Zeit nehmen für die Dankesseite – das ist einen Sonderapplaus für Sie wert. Bitte, wenn Sie Spaß, Einsichten und Erfolgserlebnisse dabei hatten, sagen Sie's weiter! Wenn nicht, sagen Sie es uns. Wir freuen uns darauf, von Ihnen zu hören. Sie wissen ja: Im Internetzeitalter sind Buchautoren nur einen Mausklick von Ihnen entfernt.

Genug mit dem Vorspann. Jetzt geht's los.

Viel Spaß und statistische Einsichten wünschen

Andreas Lindenberg – andreaslindenberg@mac.com

Irmgard Wagner – irmwagner@t-online.de

Peter Fejes – fejes.peter@gmx.at

Kapitel 1

ORDNUNG IST DAS HALBE LEBEN

Beschreibung von Daten

Ordnung ist das halbe Leben

Das deutsche Wort Statistik bezeichnete ursprünglich die Erhebung und Auswertung von Daten über den Staat. Die Staatenkunde war eine rein beschreibende Darstellung von „Staatsmerkwürdigkeiten" wie Klima, Bevölkerung, Bräuche, Wirtschaftsorganisationen etc. zum Gebrauch für Staatsmänner, damals in Deutschland für Fürsten. Das Wort „Statistik" stammt von dem italienischen Wort „statista", das Staatsmann bedeutet.

Bernie ist in einem Sportverein, der sein zehnjähriges Jubiläum feiert. Wettspiele sollen veranstaltet werden und Bernie ist vom Vorsitzenden des Vereins, Herrn Springer, eingeladen, doch gleich einige Statistiken zu machen: über Körpergröße, Geschlecht und, wenn die Gäste es gestatten, auch das Alter.

Grundlage der Statistik sind Daten. Die Körpergröße können wir messen. Wir könnten sie als Dezimalzahl angeben z.b. 173,55 (wenngleich auch niemand diese Größe so genau misst). Deshalb spricht man in der Statistik von **quantitativen Variablen** mit stetigen Messwerten.

Im Gegensatz zur Körpergröße wird das Alter nur als ganzzahliger Wert angegeben. Wie viele Männer und Frauen auf der Party sind, lässt sich nur durch Zählen ermitteln. Hier gibt es keine Quantität und keine Messungen. Das Geschlecht ist eine **qualitative Variable**, mit diskreten Werten.

Häufigkeitstabellen

Ordnung bringen wir in die gesammelten Daten mithilfe von Tabellen. Bernie erinnert sich an seine Schulzeit.

In der Statistik heißen diese Tabellen **Häufigkeitstabellen**, da zu jedem Wert die Anzahl (Häufigkeit) des Vorkommens notiert wird. Es bietet sich oft an, benachbarte Werte zu Klassen zusammenzufassen. Dies macht die Sache übersichtlicher – auch für Bernie und die Vereinsmitglieder.

Häufigkeitsverteilungen

Ein **Liniendiagramm** verbindet die Punkte durch Linien. Intervalle können dabei am besten durch den Mittelpunkt (MP) charakterisiert werden.

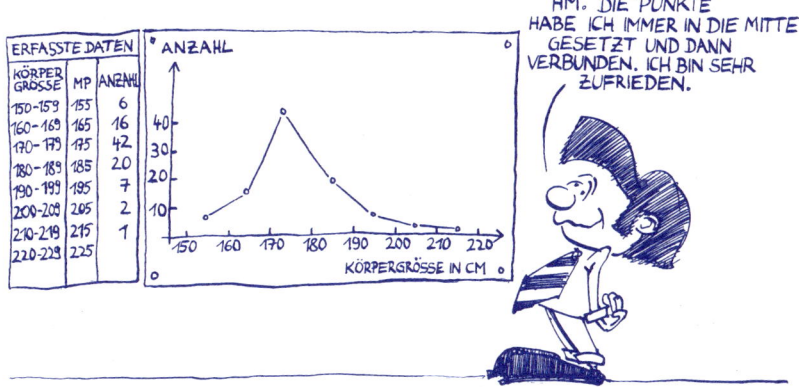

Eine schicke Darstellungsform, die häufig verwendet wird, ist das **Säulendiagramm** (in der horizontalen Ausrichtung der Rechtecke heißt es auch Balkendiagramm). Die Daten für Alter und Geschlecht stellt Bernie ganz schnell in Form von Säulendiagrammen dar. In der Statistik nennen wir solche Diagramme Häufigkeitsverteilungen.

Zur Jubiläumsfeier des Vereins stellt Herr Springer seine Statistik zur Entwicklung der Mitgliederzahlen vor. Vor zehn Jahren begann der Verein mit 220 Mitgliedern. Stolz zeigt Herr Springer sein Diagramm, das zeigt, dass die Mitgliederzahl stark gestiegen ist.

Indem Herr Springer im Diagramm nur den Mitgliederstand in jedem zweiten Jahr dargestellt hat, unterschlägt er, dass es Jahre gab (3. und 7. Jahr), in denen es auch einmal bergab ging. Die ursprüngliche Zeichnung zeigt nur eine steigende Tendenz, die zweite zeigt das Auf und Ab.

Durch Diagramme lässt sich einiges beschönigen und verfälschen. Kleine Umsatzsteigerungen bei Firmen kommen ganz groß raus, wenn die Skalen nicht bei Null beginnen, sondern beim ersten Umsatz. Jahre, in denen der Umsatz fällt, können durch größere Intervalle unter den Tisch fallen.

Bernie hat bisher verschiedene Diagramme gezeichnet und die Ergebnisse durch Säulendiagramme dargestellt. Er hat die Häufigkeitsverteilungen grafisch veranschaulicht.

Häufigkeitsverteilungen charakterisieren interessierende Größen – wie in Bernies Fall die Personengröße – durch die Angabe ihrer Häufigkeit. Weitere bekannte Häufigkeitsverteilungen sind der Notenspiegel oder der Altersbaum einer Bevölkerung.

Bernie überlegt: Ist das alles, was wir mit den Daten machen können? Firmen sind Zeichnungen zu wenig, sie möchten diese Daten auch interpretieren können.

Mittelwert (arithmetisches Mittel)

DAS MACHT IN SUMME: 9,05 m
GETEILT DURCH 5 IST
1,81 m.

Wenn wir die Daten durch Messungen bekommen haben, also quantitative Werte vorliegen, können wir nach dem Mittelwert fragen. Da wir die Körpergröße messen können, ist die Körpergröße eine quantitative Variable. Der Mittelwert trifft eine Aussage über die durchschnittliche Größe der Vereinsmitglieder. Das gibt uns jedoch noch keine Information über die Verteilung der Größen. Bei qualitativen Variabeln wie dem Geschlecht können wir zwar auch einen Mittelwert berechnen, aber das ist kein Wert, der real vorkommt. Wir können nicht zu ¾ Mann oder Frau sein.

Der Mittelwert ist die Summe der Werte dividiert durch die Anzahl der Werte. Der Mittelwert der Körpergröße wird ganz stark von der Größe des Riesen beeinflusst. Die vier anderen Personen hätten einen Durchschnittsgröße von 1,72 m. Durch den Riesen springt der Schnitt auf 1,81 m. So einen Wert nennt man **Ausreißer**. Das arithmetische Mittel ist sehr sensibel für solche Ausreißer.

Bernie überlegt: In den Zeitungen lesen wir viel über Mittelwerte. Wie sieht es mit dem Durchschnittseinkommen aus? Vielleicht gibt es da auch ein paar Ausreißer, die viel verdienen und damit den Durchschnitt gewaltig anheben. Wenn wir Bill Gates in unserer Gruppe haben, dann ist der Durchschnitt sehr hoch, auch wenn der Rest der Gruppe nur über ein kleines Einkommen verfügt.

 **BEACHTE !** Wenn es einige Daten gibt, die sehr große Unterschiede zu den restlichen aufweisen, hat der Mittelwert keine Aussagekraft mehr. Also muss man vor Berechung des Mittelwerts überprüfen, ob dieser sinnvoll ist.

Es gibt einen anderen Kennwert, der nicht so sensibel auf wenige Ausreißer reagiert. Er wird aber seltener verwendet, weil er schwieriger zu ermitteln ist. Die Daten müssen sortiert vorliegen.

Median

Der Median ist derjenige Wert, unterhalb und oberhalb dessen jeweils die Hälfte der Messwerte liegen.

Hier addieren wir die Messwerte nicht, sondern wir bringen sie in eine steigende oder fallende Reihenfolge und sehen nach, welcher der Werte in der Mitte ist. Bei einer ungeraden Anzahl Messwerte ist der Median der Wert in der Mitte. Bei einer geraden Anzahl summieren wir die beiden Werte in der Mitte und dividieren durch 2.

Der Median ist hier 1,73 und wird offensichtlich von der Größe des Riesen nicht beeinflusst. Erst viele Riesen würden den Median beeinflussen, dann allerdings auch berechtigt.

Mathematische Schreibweise

Will man den Mittelwert über sehr viele Werte ermitteln, so ist die Schreibweise mit vielen Summanden unpraktisch. Für die Summe über viele Werte existiert in der Mathematik eine schicke kurze Schreibweise. Um sie zu benützen, werden die einzelnen Messwerte als indizierte Variable geschrieben. Die Variablen haben hier alle denselben Namen. Sie werden durch den sogenannten Index voneinander unterschieden: x_1 für den ersten Messwert, x_2 für den zweiten Messwert usw. Der Index läuft über die Anzahl der Messungen. Das Zeichen für die Summe ist ein großes griechisches Sigma.

$$\overline{X} = \frac{1}{5}\sum_{i=1}^{5} X_i = \frac{1}{5}\left(X_1 + X_2 + X_3 + X_4 + X_5\right)$$

BERNIE, MERKEN SIE SICH! DAS WIRD SO GESPROCHEN!
„DIE SUMME ÜBER ALLE x_i FÜR i VON 1 BIS 5."

JAWOLL, JA!

Standardabweichung

Trotz gleicher Mittelwerte können Verteilungen ganz unterschiedlich aussehen.

Statistica stellt zwei Gruppen von jeweils neun Vereinsmitgliedern zusammen, die bezüglich ihrer Größe den gleichen Mittelwert aufweisen. Sie setzen sich aber ganz unterschiedlich zusammen. In einer Gruppe sind fast alle gleich groß, die andere ist bezüglich der Größe gemischt. Das zeigt:

Mittelwerte allein können eine Verteilung nicht charakterisieren.

Die Verteilungen können mit einer Dusche verglichen werden. Ist die Dusche sehr schmal eingestellt, kommt fast das ganze Wasser auf einen Punkt zusammen, d.h., fast alles Wasser strömt zum Mittelwert. Das entspricht der ersten Gruppe Sportler, in der alle etwa gleich groß sind. Das Wasser weicht von diesem Wert kaum ab, eine Streuung ist nicht gegeben. Ist die Dusche weit eingestellt, streut das Wasser sehr weit, es gibt große Abweichungen vom Mittelwert.

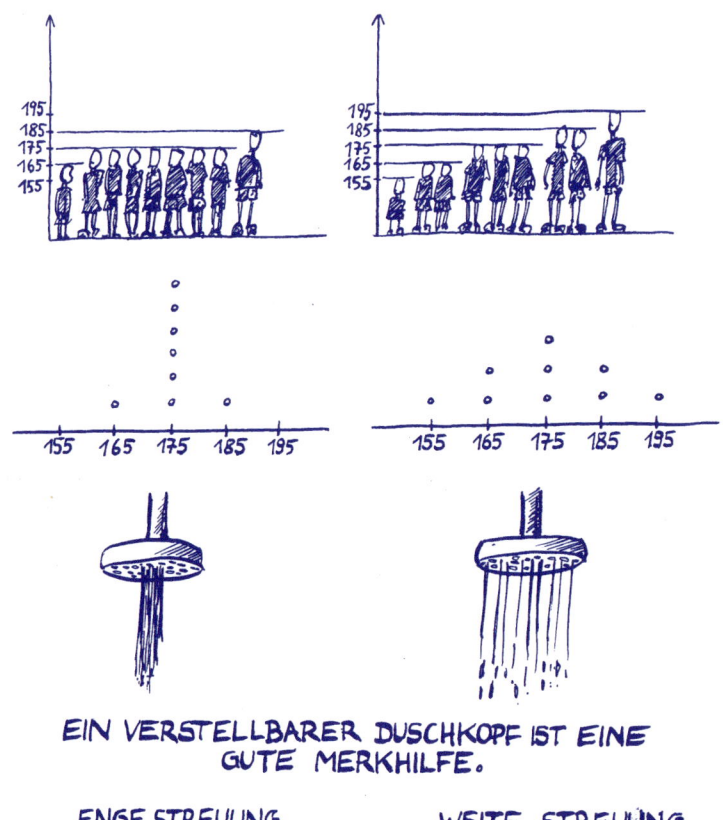

**EIN VERSTELLBARER DUSCHKOPF IST EINE
GUTE MERKHILFE.**

ENGE STREUUNG   **WEITE STREUUNG**

Ein Maß für die Streuung ist die **Standardabweichung**. Sie wertet die Entfernungen (Abstände) aller Messwerte vom Mittelwert aus.

Die Standardabweichung beschreibt im Wesentlichen den Durchschnitt aller Abstände vom Mittelwert.

Um keine negativen Abstände zu erhalten, quadriert man diese Abstände zunächst und zieht dann später aus dem Durchschnitt wieder die Wurzel.

Jetzt begreift Bernie: Klar, das ergibt die Formel

$$s = \sqrt{\frac{1}{n} \sum_{i=1}^{n} (x_i - \bar{x})^2}$$

Und Statistica bremst ihn: "Nicht ganz! Ihre Formel berechnet die Standardabweichung nur für die fünf ausgewählten Sportler. Wenn Sie aber von diesen fünf Sportlern auf die mutmaßliche Standardabweichung aller Sportler im Verein schließen wollen, müssen Sie diese mittels der **empirischen Standardabweichung** schätzen und statt durch n durch n-1 teilen:

$$s = \sqrt{\frac{1}{n-1} \sum_{i=1}^{n} (x_i - \bar{x})^2}$$

Da wir beim Messen meistens nicht die ganze Grundgesamtheit messen können, sondern nur einen Teil, meinen wir diese Formel, wenn wir von Standardabweichung sprechen.

„Ihre Formel, lieber Herr Bernie, können wir bei unserem nächsten Auftrag anwenden."

Es ist gut zu wissen, dass es zwei Formeln für die Standardabweichungen gibt, wenn wir Programme wie Excel für die Berechnung verwenden. Die (empirische) Standardabweichung heißt in Excel STABW oder auch **Standardabweichung ausgehend von einer Stichprobe**.

Für umfangreiche Stichproben, also für große Werte von n, unterscheiden sich die Ergebnisse beider Formeln ohnehin kaum.

Über Standardabweichungen liest man in Zeitungen sehr wenig. Mit Mittelwerten allein kann sehr gut manipuliert werden. Das Durchschnittseinkommen sagt nicht viel aus. Dahinter lässt sich verbergen, dass es neben gut verdienenden Spitzenleuten Mitarbeiter gibt, die ein ganz geringes Einkommen haben. Erst die Standardabweichung sagt etwas darüber aus, ob die Gehälter sehr dicht oder weit gestreut um den Mittelwert liegen.

Eine Umfrage

Die Vereinsparty hat Bernie viel gebracht für sein neues Statistikverständnis. Mit seinem Expertenwissen bietet er seinem alten Freund Alois Schmidt, seines Zeichens Bürgermeister in einer kleinen Universitätsstadt, seine Hilfe an. Dieser steht kurz vor einer Wahl und fragt nach den Chancen für seine Wiederwahl. Mithilfe der Statistik will er die Chancen für seine Wiederwahl schnell herausfinden.

Gesagt, getan! Es ist ein heißer Sommersonntag, Bernie macht seine Umfrage nachmittags am Badesee: Mit seinem Umfrageblock geht er am Ufer entlang. 200 Leute sind schnell befragt, eine Tabelle schnell erstellt.

Für Alois fertigt Bernie auch noch ein anschauliches Säulendiagramm an. Damit kann er die absolute Mehrheit sehr schön illustrieren. Die Säule der Partei von Alois ist länger als die Länge aller anderen Säulen zusammen. Er schreibt auch die Prozente auf die Säulen. Wenn 110 von 200 Leuten Alois wählen wollen, dann sind das 55%! Alois ist begeistert.

Am Montagmorgen steht Bernie vor der Universität und befragt 200 Studenten.

Die Auswertung ergibt eine Überraschung. Das Säulendiagramm sieht nun ganz anders aus. Für Alois stimmen nur noch 44%.

Bernie grübelt darüber, wo der Fehler liegt? Sind 200 Befragungen zu wenig? Haben Studenten womöglich ein anderes Wahlverhalten?

Hier beginnt die eigentliche Statistik, die Analyse. Umfragen ergeben nur dann einen Sinn, wenn wir eine **repräsentative Stichprobe** auswählen, d.h., die 200 Befragten sollten in Alter, Beruf und anderen Eigenschaften die Gesamtheit der Wähler repräsentieren. Das Muster der Auswahl soll mit dem Muster der Gesamtheit möglichst genau übereinstimmen.

Nachdem wir nicht alle Wähler befragen können, können wir auch nicht sicher über das Ergebnis sein. Hier betreten wir das Gebiet der Wahrscheinlichkeit.

Alois fühlt sich mit der Aussage von Bernie nicht wohl. Diese hat sich als zu unsicher erwiesen. Die zweite Umfrage führte zu einem gegensätzlichen Ergebnis. Voraussagen können nicht sicher sein, sie sind wahrscheinlich. Alois würde gerne wissen, mit welcher Wahrscheinlichkeit er Bernies Aussage trauen kann bzw. wie groß sein Restrisiko ist, die Wahl trotz einer positiven Prognose zu verlieren. Wie können wir das berechnen?

Ohne tiefer in die Statistik und ihre mathematische Basis einzusteigen, geht das nicht. Wir laden ein zu einer Reise von den geschichtlichen Anfängen der Wahrscheinlichkeitsrechnung bis hin zum Testen von Hypothesen und Prognosen.

ERKENNTNISSE DIESES KAPITELS

- **Stetige Messwerte** (z.B. Körpergröße) sind qualitative Variablen und **diskrete Messwerte** (z.B. Alter) sind quantitative Variablen.

- Durch **Häufigkeitstabellen** kann Ordnung in gesammelte Daten gebracht werden.

- Häufigkeitstabellen können durch **Häufigkeitsverteilungen** visualisiert werden z.B. als Linien- oder Säulendiagramm.

- Häufigkeitsverteilungen können durch Kennwerte unterschieden werden. Der **Mittelwert** (arithmetisches Mittel) ist die Summe der Werte dividiert durch deren Anzahl.

- Der **Median** ist nicht so sensibel gegenüber Ausreißern wie der Mittelwert. Er ist der Wert in der Mitte (bzw. der Durchschnitt der beiden Werte in der Mitte bei gerader Werteanzahl), wenn wir die Werte in eine steigende oder fallende Ordnung bringen.

- Die **Standardabweichung** charakterisiert eine Verteilung mittels des Durchschnitts aller Abstände vom Mittelwert.

HAT DER ZUFALL GESETZE?

Zufallsexperimente, Ereignisse, relative Häufigkeit

Hat der Zufall Gesetze?

Zufallsexperimente

Unterliegen Glücksspiele Gesetzmäßigkeiten? Kann man ihren Ausgang voraus-sagen? Das sind die Fragen, die zur Entstehung der Wahrscheinlichkeitsrechnung führten. Deswegen sehen wir uns Spiele genauer an.

Ein einfaches Spiel ist das Werfen einer Münze. Es unterliegt dem Zufall, ob Wappen oder Zahl oben liegt. Experimente mit ungewissem Ausgang heißen **Zufallsexperimente**.

Jeder mögliche Ausgang ist ein **Ergebnis**. Die Ergebnisse eines Münzwurfs sind „Wappen" oder „Zahl". Alle möglichen Ausgänge eines Zufallsexperiments bilden den **Ergebnisraum**. Der Ergebnisraum ist eine Menge, die auch einen Namen hat: Ω („Omega"). Ein passender Ergebnisraum für das Werfen einer Münze ist beispielsweise Ω={Wappen, Zahl}.

Den Ergebnisraum kann man sich wie ein Glücksrad vorstellen, das in mehrere Sektoren unterteilt ist, ein Sektor für jedes Ergebnis. Jedes Zufallsexperiment, wie das Werfen einer Münze, das Spielen mit einem Würfel oder das Ziehen einer Karte aus einem Kartenspiel hat sein eigenes Glücksrad.

Der Ergebnisraum für das Experiment „Einmaliger Wurf eines Würfels" lässt sich als Menge mit sechs Ergebnissen schreiben: $\Omega = \{1, 2, 3, 4, 5, 6\}$. Die Anzahl der Ergebnisse gibt die Mächtigkeit der Menge Omega an. Die Mächtigkeit drücken wir mithilfe von Betragsstrichen aus: $|\Omega| = 6$.

Ereignisse

Wenn wir beim Würfeln eine Sechs werfen wollen, interessiert uns nur die Fragestellung Sechs oder Nicht-Sechs. Die Ergebnisse 1, 2, 3, 4, 5 lassen sich zu Nicht-Sechs zusammenfassen. Die Zusammenfassung beliebiger Ergebnisse eines Ergebnisraums zu einer neuen Menge bezeichnen wir als Ereignis. Die zwei Ereignisse Sechs und Nicht-Sechs können wir in der Mengenschreibweise angeben:

Sechs $= \{6\}$ *Nicht Sechs* $= \{1, 2, 3, 4, 5\}$

Verknüpfung von Ereignissen

Wir können Ereignisse auf zweierlei Arten verknüpfen: Wir können ihre **Vereinigung** oder ihren **Durchschnitt** bilden.

Das Resultat einer Verknüpfung ist wieder ein Ereignis. Schauen wir uns beispielsweise einmal die beiden Ereignisse U und G an:

$U = \{1, 3, 5\}$ „Werfen einer ungeraden Augenzahl"

$G = \{2, 4, 6\}$ „Werfen einer geraden Augenzahl"

Die **Vereinigung** dieser beiden Ereignisse ist das „Werfen einer ungeraden **oder** geraden Zahl". Wir erhalten als Resultat ein Ereignis, das dem Ergebnisraum

$U \cup G = \Omega = \{1, 2, 3, 4, 5, 6\}$ entspricht.

Der **Durchschnitt** beider Ereignisse wären Zahlen, die gleichzeitig gerade **und** ungerade sind. Da es das nicht gibt, ist der Durchschnitt leer:

$U \cap G = \{\}$.

Haben zwei Ereignisse keinen Durchschnitt, nennen wir sie **unvereinbar**.

$U = \{1,3,5\}$

$G = \{2,4,6\}$

$U \cap G = \{\ \}$ UNVEREINBAR

$U \cup G = \{1,2,3,4,5,6\}$ GANZER ERGEBNISRAUM

Im Gegensatz dazu sind die beiden Ereignisse „Werfen einer geraden Zahl" und „Werfen einer Primzahl" **vereinbar**. Denn 2 ist sowohl eine Primzahl als auch gerade. Sie bildet den Durchschnitt beider Ereignisse.

$G = \{2,4,6\}$

$P = \{2,3,5\}$

$G \cap P = \{2\}$

$G \cup P = \{2,3,4,5,6\}$

45

MERKHILFEN

$\cup \Rightarrow \vee$ VEREINIGUNG
$\cap \Rightarrow \supset$ DURCHSCHNITT

Absolute und relative Häufigkeit

Der Sportverein von Herrn Springer wirbt mit einem Tag der offenen Tür neue Mitglieder.

Am Abend zählt Bernie zehn Mitgliedsanträge. Kurz darauf verkündet Herr Springer stolz, man habe sechs neue Mitglieder in der Schwimm- und fünf neue Mitglieder in der Laufabteilung.

Dem verwunderten Bernie erklärt er, ein Mitglied habe sich in beiden Abteilungen angemeldet. Er bittet Bernie nun, für den großen Jahresbericht ein Kreisdiagramm anzufertigen.

Die Angaben von Herrn Springer geben die **absolute Häufigkeit** der neuen Mitglieder an: sechs Schwimmer und fünf Läufer.

Wir führen hier die Ereignisse L und S ein:

L: Mitglied gehört zur Leichtathletikabteilung

S: Mitglied gehört zur Schwimmabteilung

Wir schreiben für die absoluten Häufigkeiten

$k(L) = 5$ und $k(S) = 6$,

weil die Ereignisse fünf- bzw. sechsmal eingetreten sind.

Um zum Beispiel den Anteil anzugeben, den die Läufer von allen Sportlern ausmachen, benötigen wir die relative Häufigkeit der Läufer.

Wir schreiben für die **relative Häufigkeit der Läufer**

$$h_{10}(L) = \frac{5}{10} = 0{,}5 = 50\%$$

und entsprechend für die **relative Häufigkeit der Schwimmer**

$$h_{10}(S) = \frac{6}{10} = 0{,}6 = 60\%$$

wobei der Index am Buchstaben h auf die absolute Zahl aller (neuen) Mitglieder hinweist. Wenn die absolute Zahl bekannt ist, kann man den Index auch weglassen.

Statistica hält es noch einmal ganz exakt fest:

$$h_n(L) = \frac{k}{n} \qquad \text{RELATIVE HÄUFIGKEIT}$$

ist die relative Häufigkeit des Ereignisses L, wenn das Ereignis L in einer Stichprobe vom Umfang n insgesamt k-mal vorkommt. Die relative Häufigkeit ist immer ein Wert zwischen 0 und 1 oder, in Prozentzahlen ausgedrückt, ein Wert zwischen 0% und 100%.

Wir wissen natürlich, dass die relative Häufigkeit aller Neumitglieder genau 100% betragen muss. Also gilt

$$h(L \cup S) = 1 = 100\%$$

wobei $L \cup S$, sprich „L oder S", gerade die Vereinigungsmenge von Läufern und Schwimmern ist.

Dieses **oder** ist aber nicht im Sinne eines **entweder ... oder** zu verstehen, sondern bedeutet: Läufer oder Schwimmer oder beides. Wenn Bernie nun die Häufigkeit der neuen Mitglieder als Summe berechnet

$$h(L \cup S) = h(L) + h(S),$$

übersieht er, dass das Ereignis L auch den Läufer beinhaltet, der gleichzeitig in der Schwimmabteilung angemeldet ist, und umgekehrt, dass das Ereignis S auch den Schwimmer umfasst, der gleichzeitig in der Leichtathletikabteilung angemeldet ist.

Für das Ereignis, dass ein Mitglied beiden Abteilungen angehört, verknüpfen wir die beiden Ereignisse L und S:

$L \cap S$ (sprich „L **und** S")

und bezeichnen damit den Durchschnitt beider Ereignisse, die Menge also, die **sowohl** in L **als auch** in S enthalten ist. Wie wir bereits wissen, sind Ereignisse die einen gemeinsamen Durchschnitt haben, vereinbar. Es ist ja auch durchaus möglich, beide Sportarten auszuüben.

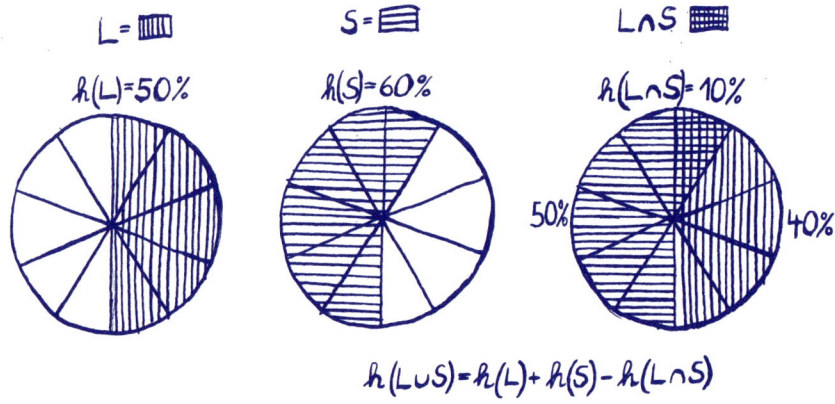

Bernie hat beim Addieren das Mitglied, das beide Sportarten ausübt, doppelt gezählt. Um Bernies Rechnung richtigzustellen, müssen wir das doppelt berücksichtigte Mitglied einmal abziehen:

$$h(L \cup S) = h(L) + h(S) - h(L \cap S)$$
$$= 50\% + 60\% - 10\%$$
$$= 100\%$$

Statistica fasst noch einmal zusammen:

Für zwei Ereignisse A und B gilt

$$h_n(A \cup B) = h_n(A) + h_n(B) - h_n(A \cap B)$$

Falls A und B unvereinbar sind, d.h. $A \cap B = \{\}$, so gilt $h_n(A \cap B) = 0$ und man erhält für diesen Spezialfall:

$$h_n(A \cup B) = h_n(A) + h_n(B)$$

Gesetz der großen Zahlen

Wenn Bernie eine Münze immer wieder wirft, kann er die relative Häufigkeit dafür, dass Zahl oben liegt, berechnen. Dies könnte er beispielsweise jeweils nach 10, 20, 30, 40 ... Würfen tun. Mit wachsender Wurfzahl scheint sich die relative Häufigkeit um den Wert 0,5 zu stabilisieren.

Die Tatsache, dass sich bei immer größer werdender Versuchsanzahl die relative Häufigkeit eines Ereignisses immer mehr einem festen Wert annähert, wird als **(empirisches) Gesetz der großen Zahlen** bezeichnet. Es ist die Ursache für den Irrglauben vieler Glücksspieler, nach einer längeren Serie des gleichen Ereignisses müsse nun ein anderes Ereignis mit höherer Wahrscheinlichkeit erscheinen. Dies ist falsch. Zwar nähert sich die relative Häufigkeit immer mehr einem konstanten Wert, für das Einzelereignis ist dies aber ohne Relevanz. Das Gesetz der großen Zahlen hat immer dann Bedeutung, wenn wir eine Ereignisfolge betrachten.

ERKENNTNISSE DIESES KAPITELS

- **Zufallsexperimente** sind Experimente mit ungewissem Ausgang.

- Ein **Ergebnis** ist ein möglicher Ausgang eines Zufallsexperiments.

- Der **Ergebnisraum** umfasst alle möglichen Ausgänge eines Zufalls-experiments.

- Ein **Ereignis** ist die Zusammenfassung beliebiger Ergebnisse eines Ergeb-nisraums zu einer neuen Menge.

- **Unvereinbare Ereignisse** sind Ereignisse, die keinen Durchschnitt haben.

- Die **relative Häufigkeit** eines Ereignisses in einer Stichprobe ist der Quotient aus der Anzahl des Vorkommens des Ereignisses und der Gesamtanzahl der Objekte der Stichprobe.

- Das **Gesetz der großen Zahlen** bezeichnet die Tatsache, dass sich bei immer größer werdender Versuchsanzahl die relative Häufigkeit eines Ereignisses immer mehr einem festen Wert annähert.

KALKULIERBARER ZUFALL?

WAHRSCHEINLICH SCHON, OBWOHL DER ZUFALL
JA ZUFÄLLIG ZUFALLEN SOLLTE.

Wahrscheinlichkeitsrechung

Zufall wird kalkulierbar

Statistica möchte Bernie für mehr Aufträge einsetzen. Dazu führt sie ihn in die Wahrscheinlichkeitsrechung ein: Sie erklärt ihm, woher der Untertitel unseres Buchs „Stochastik" kommt, und erzählt einiges aus der Geschichte der Wahrscheinlichkeitsrechnung.

Der Begriff **Stochastik** kommt aus dem Griechischen und heißt so viel wie „Kunst des Mutmaßens".

Die Stochastik umfasst die Statistik und die Wahrscheinlichkeitsrechnung.

Die Wahrscheinlichkeitsrechnung hat sich aus dem **Glücksspiel** entwickelt. Bereits Griechen und Römer haben gewürfelt, zum Teil überaus eifrig. Sie verwendeten dazu einerseits die üblichen Würfel, andererseits auch Knöchelchen. Es gab in der Antike Listen, die gleichmögliche Fälle beim Würfeln auswiesen, doch es existiert keine Überlieferung, ob damals schon erwogen wurde, mit welcher Wahrscheinlichkeit die eine oder andere Kombination auftreten könnte. Diese Überlegungen entwickelten sich erst später aus dem Glücksspiel.

*AUCH HEUTE NOCH MACHT DIE SPIELSUCHT VOR POLITISCHEN ENTSCHEIDERN NICHT HALT.

Die Anfänge der modernen Wahrscheinlichkeitsrechnung reichen bis ins 17. Jahrhundert zurück, als der Mathematiker **Blaise Pascal** um Rat zum Würfelspiel gebeten wurde. Dieses Spiel wurde damals in Frankreich insbesondere von adeligen Müßiggängern gepflegt.

Das Prinzip der Spiele war ungefähr folgendes: Zwei Spieler setzen jeweils einen gleich großen Geldbetrag ein. Um diesen Einsatz spielen sie ein Glücksspiel, welches sich aus mehreren Runden zusammensetzt. In jeder Runde wird eine faire Münze oder ein Würfel geworfen. Für das Spiel vereinbaren sie folgende Regeln:

1   Es muss so lange gespielt werden, bis einer der beiden Spieler eine bestimmte Anzahl von Spielen gewonnen hat.

2   Derjenige, der zuerst die festgelegte Anzahl von Spielen gewonnen hat, erhält den ganzen Einsatz. Der andere bekommt somit, egal wie knapp der Vorsprung war, nichts.

Ein Spiel des Pariser Berufsspielers, **Chevalier de Méré**, musste jedoch aufgrund höherer Gewalt vor der Entscheidung unerwartet bei einem bestimmten Spielstand abgebrochen werden. Die erste Regel konnte somit nicht angewendet werden. Das Spiel konnte nicht fortgesetzt oder wiederholt werden und die Verteilung des Einsatzes musste gleich erfolgen. Und an diesem Punkt bat Chevalier de Méré Pascal um Rat.

Basierend auf diesem und ähnlichen Problemen entwickelte sich der berühmte Briefwechsel zwischen Pascal und **Fermat** (ein berühmter zeitgenössischer Mathematiker – sozusagen ein Kollege), der als Geburtsstunde der Wahrscheinlichkeitsrechnung angesehen werden kann.

Nach Fermat und Pascal machten sich andere Mathematiker um die Wahrscheinlichkeitsrechnung verdient. Die erste grundlegende Definition stammt von **Laplace**. Laplace hat nicht nur in vielen wichtigen Gebieten der Mathematik seine Spuren hinterlassen, sondern auch in der damaligen Politik mitgemischt. Als Prüfer für die königliche Artillerie hatte er den 16-jährigen Bonaparte geprüft, später kurz das Amt des Innenministers unter Bonaparte bekleidet und wurde schließlich ein wohlhabender Mann .

Wahrscheinlichkeit nach Laplace

Bevor Statistica Bernie die grundlegende Definition von Laplace erklärt, zeigt sie ihm,
warum Definitionen notwendig sind. Danach führt sie ihn in weitere grundlegende
Definitionen der Wahrscheinlichkeitsrechnung ein. Mister Omega unterstützt sie.

Es ist verlockend, **die relative Häufigkeit** des Ereignisses A, das bei einem n-mal
durchgeführten Zufallsexperiment k-mal aufgetreten ist,

$$h_n(A) = \frac{k}{n}$$

zur Grundlage der Definition der Wahrscheinlichkeit für A zu machen.

Man ist geneigt anzunehmen, dass sich bei sehr häufiger Wiederholung des
Experiments die relative Häufigkeit des Ereignisses „stabilisiert" und einen
Grenzwert annimmt.

Aber abgesehen davon, dass viele Wiederholungen äußerst unpraktisch für das
Berechnen von Wahrscheinlichkeiten sind, haben sie auch noch den Haken, dass
sie sich nicht gleichmäßig einem bestimmten Wert annähern.

So erhält man beim wiederholten Würfeln die relative Häufigkeit für das
Auftreten des Ereignisses „Sechs" und stellt nach vielen Würfen fest, dass diese
sich dem Wert $\frac{1}{6}$ zwar annähert, aber nicht wirklich erreicht.

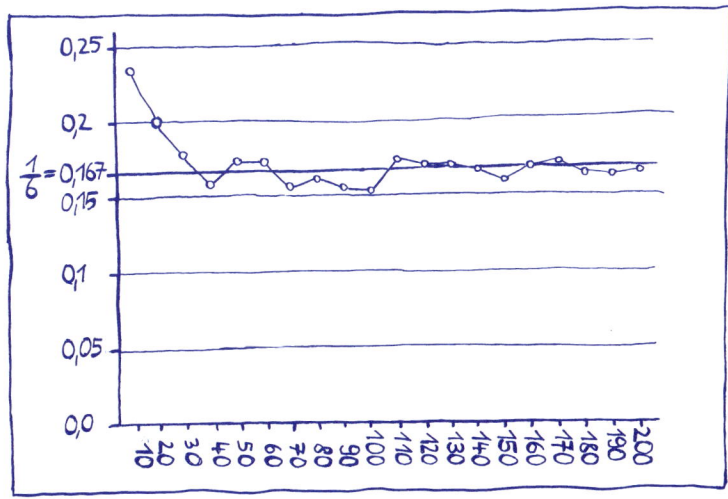

Der Ausgangspunkt für die Wahrscheinlichkeit nach Laplace lässt sich sehr schön anhand der Glücksräder von Mister Omega veranschaulichen, da hier alle Ergebnisse immer gleich groß sind.

Laplace stellte 1812 seine **grundlegende Definition zur Wahrscheinlichkeitsrechnung** auf. Er definierte die Wahrscheinlichkeit $P(A)$ eines Ereignisses A als den Quotienten aus der Anzahl der für A günstigen Ergebnisse und der Anzahl aller möglichen Ergebnisse:

$$P(A) = \frac{\text{ANZAHL DER FÜR A GÜNSTIGEN FÄLLE}}{\text{ANZAHL DER INSGESAMT MÖGLICHEN FÄLLE}}$$

Allerdings gilt dieser Quotient nur unter der Voraussetzung, dass alle Ergebnisse des Ergebnisraums gleich wahrscheinlich sind (also alle Sektoren gleich groß sind).

Viele Experimente haben jedoch Ergebnisse mit recht unterschiedlichen Wahrscheinlichkeiten. So erhalten wir beim Wurf mit zwei fairen Würfeln die Augensumme 7 nicht etwa mit der Wahrscheinlichkeit $\frac{1}{11}$, nur weil es insgesamt 11 verschiedene Augensummen von 2 bis 12 gibt.

Axiomatische Definition der Wahrscheinlichkeit

Im Jahre 1933 gelang dem russischen Mathematiker **Kolmogorow** eine axiomatische Definition der Wahrscheinlichkeit, die die Problematik umgeht, dass alle Ergebnisse des Wahrscheinlichkeitsraums immer gleich wahrscheinlich sein müssen.

Jedem Ereignis eines Zufallsexperiments wird eine reelle Zahl zugeordnet. Diese Zahl heißt Wahrscheinlichkeit, wenn sie folgende Grundannahmen, auch Axiome genannt, erfüllt.

Wir beginnen mit dem zweiten Axiom von Kolmogorow, da es unmittelbar einsichtig ist. In unseren Bildern entspricht der Ergebnisraum Ω stets dem ganzen Glücksrad und die Ereignisse sind schraffierte Sektoren.

Zweites Axiom: Der Ergebnisraum Ω ist das **sichere Ereignis**. Bei jedem Versuch tritt schließlich immer ein Ergebnis des Ergebnisraums auf.

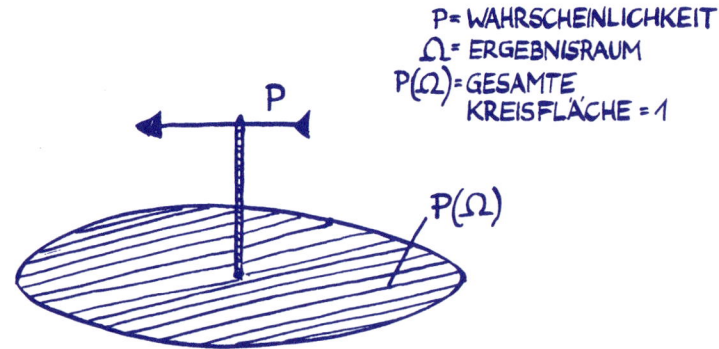

$P(\Omega)=1$ SICHERES EREIGNIS

P = WAHRSCHEINLICHKEIT
Ω = ERGEBNISRAUM
$P(\Omega)$ = GESAMTE KREISFLÄCHE = 1

P

$P(\Omega)$

DIE WAHRSCHEINLICHKEIT, DASS DER ZEIGER IN IRGENDEINER POSITION STEHEN BLEIBT, IST EIN SICHERES EREIGNIS.

Erstes Axiom: Die Wahrscheinlichkeit liegt zwischen 0 und 1, wobei 0 und 1 auch angenommen werden können.

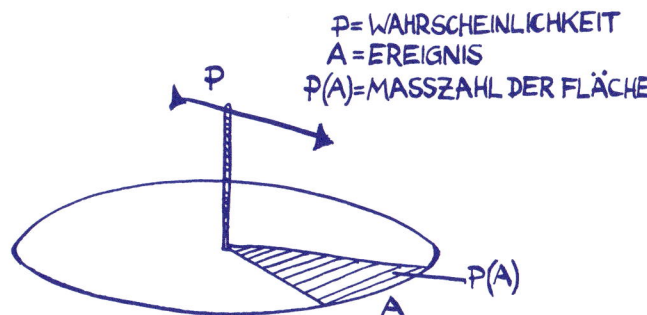

P = WAHRSCHEINLICHKEIT
A = EREIGNIS
P(A) = MASSZAHL DER FLÄCHE

P(A)

DIE WAHRSCHEINLICHKEIT, DASS DER ZEIGER IN DER SCHRAFFIERTEN TEILFLÄCHE STEHEN BLEIBT, IST KLEINER 1.

Drittes Axiom: Die dritte Grundannahme betrifft **unvereinbare Ereignisse**. Wenn zwei Ereignisse nicht gleichzeitig eintreten können, ist ihr Durchschnitt leer – sie sind unvereinbar.

Mit einem Würfel können wir nicht gleichzeitig eine *Fünf* und eine *Sechs* würfeln. Die beiden Ereignisse Fünf und Sechs sind deshalb unvereinbar. Die Wahrscheinlichkeit des verknüpften Ereignisses

$$P(\text{„}Fünf \text{ oder } Sechs\text{“}) = P(Fünf \cup Sechs)$$

dürfen wir daher als Summe der Einzelereignisse berechnen.

ADDITIONSREGEL FÜR UNVEREINBARE EREIGNISSE

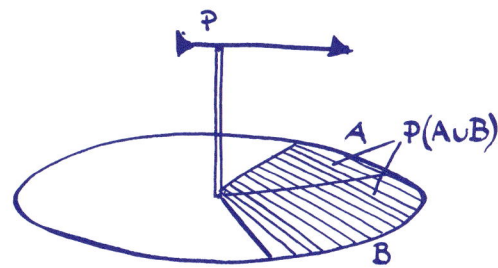

P(A∪B)

WENN DIE EREIGNISSE A UND B UNVEREINBAR SIND, DANN KÖNNEN DIE FLÄCHEN P(A) UND P(B) ADDIERT WERDEN.
DIE WAHRSCHEINLICHKEIT, DASS DER ZEIGER IN EINER DIESER TEILFLÄCHEN STEHEN BLEIBT, IST ALSO: P(A∪B) = P(A) + P(B).

Aus den Kolmogorow'schen Axiomen lassen sich weitere Regeln für das Rechnen mit Wahrscheinlichkeiten ableiten.

Wahrscheinlichkeit des Gegenereignisses

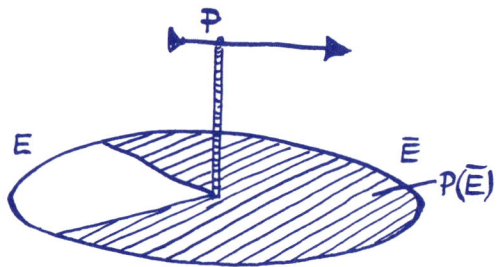

DIE WAHRSCHEINLICHKEIT, DASS DER ZEIGER IN DER SCHRAFFIERTEN TEILFLÄCHE (GEGENEREIGNIS $\overline{E}$) STEHEN BLEIBT, IST 1 MINUS DER WAHRSCHEINLICHKEIT DES EREIGNISSES (E).

Aus der Wahrscheinlichkeit des Ereignisses E erhält man sofort die Wahrscheinlichkeit seines Gegenereignisses $\overline{E}$. Schauen wir uns dazu einmal die beiden Ereignisse eines Wurfs mit dem Würfel an:

E: {Sechs}

$\overline{E}$: {Nicht-Sechs}

Die Wahrscheinlichkeit einer Sechs kennen wir bereits:

$$P(E) = \frac{1}{6}$$

Daraus können wir sofort auf die Wahrscheinlichkeit schließen, eine andere Zahl als eine Sechs zu würfeln:

$$P(\overline{E}) = 1 - \frac{1}{6} = \frac{5}{6}$$

Das geht aber nur, weil die beiden Ereignisse E und $\overline{E}$ **komplementär** sind, das eine Ereignis also das Gegenereignis des jeweils anderen ist. Zusammen beinhalten sie alle möglichen Ergebnisse eines Wurfs mit dem Würfel:

$$E \cup \overline{E} = \Omega.$$

Wahrscheinlichkeit des unmöglichen Ereignisses

Die Wahrscheinlichkeit des unmöglichen Ereignisses, $U = \{\}$, ist null, schließlich kann es gar nicht auftreten.

$P(U) = 0$

WAHRSCHEINLICHKEIT DES UNMÖGLICHEN EREIGNISSES

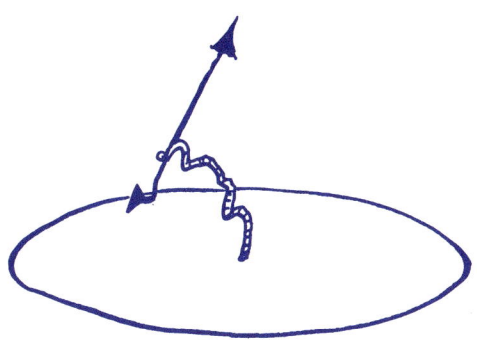

Monotoniegesetz der Wahrscheinlichkeit

$A \subseteq B \Rightarrow P(A) \leq P(B)$

MONOTONIEGESETZ DER WAHRSCHEINLICHKEIT

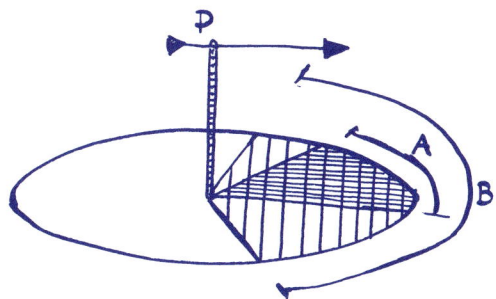

WENN A EIN TEILEREIGNIS VON B IST, DANN IST DIE WAHRSCHEINLICHKEIT, DASS DER ZEIGER IN DER TEILFLÄCHE P(A) STEHENBLEIBT, KLEINER ODER GLEICH GROSS DER WAHRSCHEINLICHKEIT, DASS ER IN DER TEILFLÄCHE P(B) STEHEN BLEIBT.

Das Monotoniegesetz der Wahrscheinlichkeit kann man sich ebenfalls am Würfel mit den beiden Ereignissen *A* und *B* verdeutlichen:

A: {Eins}

B: {Eins, Zwei}

Die Wahrscheinlichkeit, eine Eins oder eine Zwei (Ereignis *B*) zu würfeln, ist zweifellos größer (oder zumindest gleich) der Wahrscheinlichkeit, lediglich eine Eins zu würfeln (Ereignis *A*).

Additionsgesetz für beliebige Ereignisse

$$P(A \cup B) = P(A) + P(B) - P(A \cap B)$$
ADDITIONSGESETZ FÜR BELIEBIGE EREIGNISSE

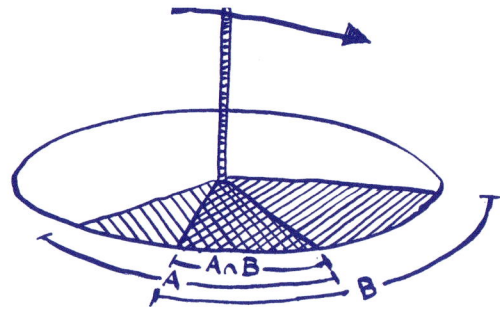

DIE WAHRSCHEINLICHKEIT ZWEIER VEREINBARER EREIGNISSE (EREIGNISSE, DIE SICH ÜBERLAPPEN) ERGIBT SICH AUS DER SUMME DER EINZELWAHRSCHEINLICHKEITEN ABZÜGLICH DER WAHRSCHEINLICHKEIT ALLER ERGEBNISSE, DIE DURCH BEIDE EREIGNISSE ABGEDECKT SIND, $P(A \cap B)$.

Das ist das Additionsgesetz für beliebige Ereignisse *A* und *B*. Ist *A* zum Beispiel das Ereignis, eine gerade Zahl zu würfeln, und *B* das Ereignis, eine Primzahl zu würfeln, dann sind die Ereignisse nicht unvereinbar, denn 2 ist eine gerade Zahl und eine Primzahl.

Bei der Addition der Wahrscheinlichkeiten zweier vereinbarer Ereignisse müssen wir *einmal* die Wahrscheinlichkeit aller Ergebnisse in Abzug bringen, die durch beide Ereignisse abgedeckt sind.

Wahrscheinlichkeit unabhängiger Ereignisse

Um das Additionsgesetz anwenden zu können, brauchen wir ein Rezept, um

$$P(A \cap B)$$

zu berechnen. Besonders einfach lässt sich diese Wahrscheinlichkeit ermitteln, wenn A und B zwei unabhängige Ereignisse sind, das Eintreffen des einen Ereignisses also keinerlei Einfluss auf das Eintreffen des anderen Ereignisses hat. Wenn das ausgewählte Zufallsexperiment diese Annahme zweifelsfrei rechtfertigt, dann gilt:

$$P(A \cap B) = P(A) \cdot P(B)$$
MULTIPLIKATIONSGESETZ FÜR UNABHÄNGIGE EREIGNISSE

Ein einfaches Beispiel hierfür ist das zweimalige Würfeln. Insgesamt gibt es 6 mal 6 mögliche Fälle. Für das Ereignis Doppelsechs existiert ein günstiger Fall. Das ergibt nach Laplace eine Wahrscheinlichkeit von $\frac{1}{36}$.

Die erhalten wir mittels des Multiplikationsgesetzes

$$P(1.Wurf6 \cap 2.Wurf6) = P(1.Wurf6) \cdot P(2.Wurf6) = \frac{1}{6} \cdot \frac{1}{6}$$

$$P(A \cap B) = P(A) \cdot P(B) = \frac{1}{6} \cdot \frac{1}{6} = \frac{1}{36}$$

Bedingte Wahrscheinlichkeit

Häufig werden Ereignisse durch andere Ereignisse beeinflusst. Diese Ereignisse sind dann voneinander (stochastig) **abhängig**.

Wir können nach der Wahrscheinlichkeit fragen, dass ein Blumenladen offen hat. Wir können aber auch beispielsweise nach der Wahrscheinlichkeit dafür fragen, dass ein Blumenladen am Sonntag geöffnet hat.

Wir legen zwei Ereignisse A und B fest:

A: Der Blumenladen hat geöffnet.

B: Es ist Sonntag.

Bei der ersten Frage haben wir $P(A)$ eingeschätzt. Bei der zweiten Frage haben wir **$P(A$ unter der Bedingung, dass B eingetreten ist)** eingeschätzt. Der Mathematiker schreibt dafür kürzer **$P(A|B)$**.

So bezeichnet P(„Blumenladen hat geöffnet"|„Es ist Sonntag") die Wahrscheinlichkeit dafür, dass ein Blumenladen an einem Sonntag geöffnet hat, während P(„Der Blumenladen hat geöffnet") nur ganz allgemein die Wahrscheinlichkeit ausdrückt, mit der ein Blumenladen geöffnet hat, ohne zeitliche Bedingung.

In unserem Fall sind A und B keine unabhängigen Ereignisse. Die Öffnungszeiten des Blumenladens hängen davon ab, ob es Sonntag ist oder ein Wochentag. Deshalb gilt hier ein anderes Multiplikationsgesetz:

$$P(A \cap B) = P(A|B) \cdot P(B)$$
MULTIPLIKATIONSGESETZ FÜR ABHÄNGIGE EREIGNISSE

WENN A EIN VON B ABHÄNGIGES EREIGNIS IST, DANN DRÜCKT P(A∩B) AUS, MIT WELCHER WAHRSCHEINLICHKEIT SOWOHL A ALS AUCH B EINTRETEN, WENN DAS EINTRETEN VON B DAS EINTRETEN VON A BEEINFLUSST.

$P(A \cap B)$ ist die Wahrscheinlichkeit dafür, dass der Blumenladen an einem Sonntag geöffnet hat. Glücklicherweise geben Blumenläden ihre Öffnungszeiten für Sonntag an und ersparen uns damit jetzt das Rechnen.

Die bei Versicherungsunternehmen eingesetzten Sterbetafeln basieren ebenfalls auf bedingten Wahrscheinlichkeiten. Sie weisen aus, mit welcher Wahrscheinlichkeit eine männliche oder weibliche Person das **nächste Lebensjahr** erreicht. Diese Wahrscheinlichkeit ist natürlich bedingt: Die Wahrscheinlichkeit, ein Jahr älter zu werden, ist für eine 20-jährige Person größer als für eine 80-jährige Person.

Allerdings wird die 80-jährige Person mit einer viel höheren Wahrscheinlichkeit 81, als dies für die 20-jährige Person zutrifft. Mathematisch kann man diese Wahrscheinlichkeit für die 20-jährige Person als Produkt von 61 bedingten Wahrscheinlichkeiten angeben. Aber auch in der Realität leuchtet ein, dass auf eine 20-jährige Person noch 61 abenteuerliche Jahre mit einem gewissen Lebensrisiko warten, ehe sie eines Tages 81 Jahre alt wird. Bezogen auf das jeweils bevorstehende Lebensjahr ist das **Sterberisiko** für jüngere Menschen allerdings viel geringer.

Beispiel mit bedingter Wahrscheinlichkeit

Statistica legt Bernie den Geschäftsbericht der Firma „Schnäppchenmarkt" auf den Tisch. „Schnäppchenmarkt" bietet seine Produkte im Internet über ein Shoppingsystem an und lobt in dem Geschäftsbericht seine verkaufsfördernden Maßnahmen. Anhand eines Kreisdiagramms wird der Erfolg einer Werbeaktion des letzten Jahres veranschaulicht.

Auf zwei gut frequentierten Webseiten eines Fachmagazins und einer Illustrierten wurde jeweils ein Werbebanner platziert, der dem „Schnäppchenmarkt" Kunden zuführen sollte. Aus dem Kreisdiagramm lässt sich ablesen, dass 14,5% aller Online-Besucher des „Schnäppchenmarkts" über das Fachmagazin kamen und 32,1% über die Illustrierte. Außerdem verrät der Geschäftsbericht, dass 4% der Fachmagazinbesucher und 1,5% der Besucher, die über die Illustrierte kamen, tatsächlich gekauft haben.

Der Geschäftsbericht sagt aber nichts darüber aus, welcher der beiden Werbeplätze der erfolgreichere war. Genau dies soll Bernie für Statistica ermitteln.

Ganz offensichtlich wird die Wahrscheinlichkeit, mit der ein Besucher der Internetplattform auch tatsächlich kauft, von einem anderen Ereignis beeinflusst, nämlich dadurch, über welchen Werbeplatz er zum „Schäppchenmarkt" geleitet wurde. Diese Ereignisse sind dann voneinander abhängig.

Wir legen drei Ereignisse F, I und U fest:

    F: Der Besucher kommt über die Werbung im **F**achmagazin.

    I: Der Besucher kommt über die Werbung in der **I**llustrierten.

    U: **Ü**brige Besucher

Außerdem unterscheiden wir noch die Käufer und die Nicht-Käufer:

    K: Besucher **k**auft ein Produkt.

    $\bar{K}$: Besucher **k**auft **n**icht.

Mit welcher Wahrscheinlichkeit kommt nun ein Besucher über das Fachmagazin zum „Schnäppchenmarkt" **und** kauft ein Produkt?

Wir fragen also nach $P(F \cap K)$. Laut Auswertung von Bernie ist

$P(F) = 14,5\ \%$

die Wahrscheinlichkeit dafür, dass ein Besucher über das **Fachmagazin** auf die Seiten des „Schäppchenmarkts" kommt.

Von allen Besuchern des Fachmagazins werden 4% ein Produkt kaufen, also gilt:

$P(K|F) = 4\ \%$.

$P(K|F)$ ist die abkürzende Schreibweise für $P(K$ unter der Bedingung, dass F eingetreten ist).

Gesucht ist die Wahrscheinlichkeit, dass jemand über das **Fachmagazin** gekommen ist **und** gleichzeitig **Käufer** ist, also $P(F \cap K)$. Das können wir mit dem Multiplikationsgesetz ausrechnen.

Nun ist

$P(F \cap K) = P(K \mid F) \cdot P(F) = 0{,}04 \cdot 0{,}145 = 0{,}0058$

die gesuchte Antwort, in Prozent 0,58%, was plausibel erscheint, denn schließlich kaufen 4% der Fachmagazinbesucher, welche wiederum 14,5% von allen Besuchern ausmachen.

Von allen Besuchern des „Schnäppchenmarkts" kommen

$P(I) = 32,1\ \%$

über die **Illustrierte**. Von diesen wiederum kaufen

$P(K|I) = 1,5\ \%$

tatsächlich ein Produkt. Damit ist also

$P(I \cap K) = P(K|I) \cdot P(I) = 0{,}48\ \%$

die Wahrscheinlichkeit dafür, dass ein zufällig ausgesuchter Besucher über die **Illustrierte** kam **und** ein Produkt **gekauft** hat.

Falls also die Werbeplätze bei der Illustrierten und dem Fachmagazin gleich viel kosten, muss die Anzeige beim Fachmagazin eindeutig als erfolgreicher eingestuft werden, obwohl in absoluten Zahlen gemessen weniger Besucher über das Fachmagazin kommen.

Zur Behandlung abhängiger und unabhängiger Ereignisse fassen wir zusammen:

Sind zwei Ereignisse A und B voneinander **unabhängig**, so gilt:

$$P(A \cap B) = P(A) \cdot P(B)$$

Ist dagegen B von A **abhängig**, so gilt:

$$P(A \cap B) = P(A) \cdot P(B|A) \quad \text{**allgemeines Multiplikationsgesetz**}$$

Das zweite Multiplikationsgesetz ist das allgemeine. Sind nämlich B und A unabhängig, dann gilt

$$P(B|A) = P(B),$$

da die Wahrscheinlichkeit für das Eintreten von B nicht durch das Eintreten von A beeinflusst wird.

Mit diesen Überlegungen sind wir nun gerüstet für unseren Kriminalfall auf hoher See. Dabei hilft uns der Nachlass eines englischen Mathematikers aus dem Jahre 1763.

Satz von Bayes

Herr Bernie und Statistica sind auf einem Kreuzfahrtschiff unterwegs und gönnen sich ein paar Tage Urlaub. An einem Nachmittag wird in der Kabine von Diva Dada Damur eingebrochen und eine wertvolle Uhr entwendet. Der Schiffsdetektiv ermittelt. Nach einigen Befragungen bleiben zwölf Verdächtige übrig, unter denen sich auch der Dieb befindet. Wer aber war es?

Der Detektiv möchte zur endgültigen Aufklärung einen Lügendetektor einsetzen. Den Schuldigen erkennt das Gerät mit einer Verlässlichkeit von 92%, einen Unschuldigen sogar mit einer Verlässlichkeit von 98%. – Statistica rät dem Detektiv dennoch von dem Einsatz des Lügendetektors ab. Der Detektiv ist überrascht. Sprechen diese Werte etwa nicht für sich?

Bernie soll berechnen, mit welcher Wahrscheinlichkeit einer der zwölf Verdächtigen schuldig getestet wird, obwohl er unschuldig ist. Dazu definiert er zunächst einmal folgende Ereignisse:

S: Der Verdächtige ist **s**chuldig.

U: Der Verdächtige ist **u**nschuldig.

D: Das Ergebnis des Tests am Lügen**d**etektor ist positiv.

U ist offensichtlich das Gegenereignis zu S. Wenn ein Verdächtiger ausgewählt wird, weiß man nicht, ob man den Schuldigen erwischt hat, ob also S oder U eingetreten ist. Dies lässt sich nur mutmaßen, d.h. mit einer bestimmten Wahrscheinlichkeit aussagen. S und U sind daher zunächst **hypothetische Ereignisse** oder einfach **Hypothesen**.

Wenn der Detektor ausschlägt, ist das Ereignis D dagegen eingetreten und wir suchen die Wahrscheinlichkeit für S, dass der Verdächtige nun wirklich schuldig ist.

Wir fragen also nach der **bedingten Wahrscheinlichkeit**

$P(S|D)$,

der Wahrscheinlichkeit für *Schuldig*, unter der Bedingung, dass der *Detektor* ausschlägt.

Zunächst einmal sind uns folgende Wahrscheinlichkeiten bekannt:

Unter den zwölf Verdächtigen gerade den Schuldigen auszuwählen, geschieht mit der Wahrscheinlichkeit

$$P(S) = \frac{1}{12} = 0,083 \,.$$

Entsprechend ist die Wahrscheinlichkeit, einen Unschuldigen auszuwählen

$$P(U) = 1 - P(S) = \frac{11}{12} = 0,917 \,.$$

DIE GEFAHR IST IMMER, DASS EIN UNSCHULDIGER BÜSST. DESHALB DIE KERNFRAGE: MIT WELCHER WAHRSCHEINLICHKEIT IST DER GETESTETE SCHULDIG, WENN DER DETEKTOR AUS-SCHLÄGT?

BETRIEBSDATEN DES DETEKTORHERSTELLERS

$P(D|S) = 92\% = 0,92$
$P(D|U) = 2\% = 0,02$

WAHRSCHEINLICHKEITEN FÜR ZWÖLF VERDÄCHTIGE

$P(S) = \frac{1}{12} = 0,083$
$P(U) = 1 - P(S) = \frac{11}{12} = 0,917$

GESUCHT: $P(S|D)$

WENN ICH JE SO GEARBEITET HÄTTE, WÜRDE ICH BIS HEUTE KEINEN EINZIGEN FALL GELÖST HABEN.

Die Verlässlichkeitsangaben zum Lügendetektor liefern uns die bedingten Wahrscheinlichkeiten

$$P(D|S) = 0{,}92$$
$$P(D|U) = 0{,}02$$

$P(D|S)$ ist die bedingte Wahrscheinlichkeit dafür, dass der Lügendetektor ausschlägt, wenn der Getestete schuldig ist. Analog ist $P(D|U)$ die bedingte Wahrscheinlichkeit dafür, dass der Lügendetektor bei einem Unschuldigen ausschlägt.

Wir können die Wahrscheinlichkeiten an den Pfaden eines Baumdiagramms antragen. Als **Pfad** bezeichnen wir einen Weg von der Wurzel über die Verzweigungspunkte des Baumdiagramms bis zur letzten Stufe.

Der Verzweigungspunkt, an dem das Baumdiagramm startet, ist die Wurzel des Baums. Von hier aus unterscheiden wir zwei Fälle: Eine Person ist schuldig oder unschuldig.

BAUMDIAGRAMM ZUR DARSTELLUNG DER BEDINGTEN WAHRSCHEINLICHKEITEN

1. SCHRITT

START — PFADABSCHNITT

$P(U) = 0{,}917$ $0{,}083 = P(S)$

U (UNSCHULDIG)   S (SCHULDIG)

$$P(U) + P(S) = 1$$

Jeden Pfadabschnitt versehen wir mit der Wahrscheinlichkeit, mit der das jeweilige Ereignis der nächsten Stufe eintritt. Die Summe der Wahrscheinlichkeiten aller von einem Verzweigungspunkt ausgehenden Pfadabschnitte muss 1 ergeben.

Auf der ersten Stufe unterscheiden wir die beiden Gegenereignisse *Schuldig* und *Unschuldig* mit 91,7% und 8,3%, was zusammen wieder 100% ergibt.

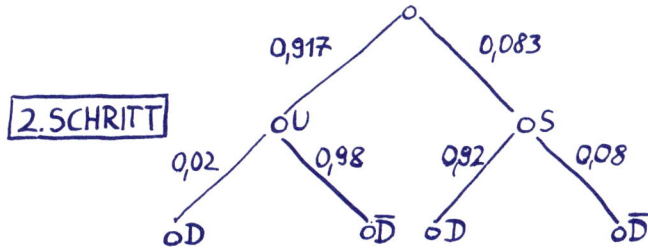

DIE PFADABSCHNITTE IN DER ZWEITEN STUFE
WERDEN UNTERTEILT IN „AUSSCHLAG"(D) UND
„NICHT-AUSSCHLAG"(D̄) DES LÜGENDETEKTORS.
ALLE VON EINEM VERZWEIGUNGSPUNKT AUSGEHENDEN
ZWEIGE TRAGEN WAHRSCHEINLICHKEITEN,
DEREN SUMME „1" IST.

Die Wahrscheinlichkeit eines ganzen Pfads wird durch das Produkt seiner Pfadabschnitte berechnet. Die Wahrscheinlichkeit zum Beispiel, dass jemand unschuldig ist und der Lügendetektor trotzdem ausschlägt, ist das Produkt der beiden Wahrscheinlichkeiten $P(U) \cdot P(D|U) = 0,917 \cdot 0,02 \approx 0,018$.

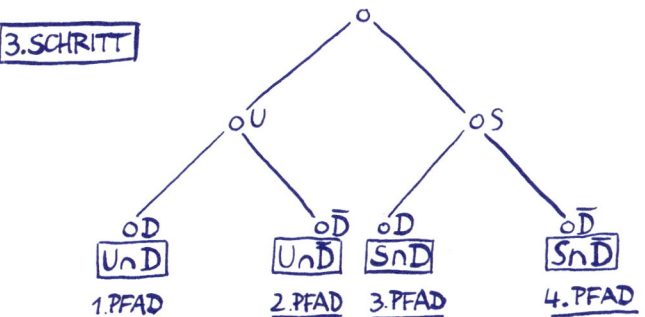

DIE AUSSAGE EINES PFADES GEWINNT MAN AUS DER
„UND"-VERKNÜPFUNG ALLER EREIGNISSE, DIE AN DEN
KNOTEN ABGETRAGEN SIND.

U∩D: PERSON IST UNSCHULDIG UND DETEKTOR SCHLÄGT AUS.

U∩D̄: PERSON IST UNSCHULDIG UND DETEKTOR SCHLÄGT NICHT AUS.

S∩D: PERSON IST SCHULDIG UND DETEKTOR SCHLÄGT AUS.

S∩D̄: PERSON IST SCHULDIG UND DETEKTOR SCHLÄGT NICHT AUS.

Wir haben genau zwei Pfade, in denen der **Lügendetektor ausschlägt**, das Ereignis D also eintritt:

Der Pfad, der bei $U \cap D$ mit der Wahrscheinlichkeit $P(U) \cdot P(D|U)$ endet, und der Pfad, der bei $S \cap D$ mit der Wahrscheinlichkeit $P(S) \cdot P(D|S)$ endet.

Zur Erinnerung: Wir suchen $P(S|D)$, die **bedingte Wahrscheinlichkeit**, mit der die getestete Person schuldig ist, wenn der Detektor ausschlägt. Das ist nicht zu verwechseln mit der bedingten Wahrscheinlichkeit $P(D|S)$, die eine Verlässlichkeitsaussage über den Detektor macht, wenn man weiß, dass der Getestete schuldig ist.

Die Wahrscheinlichkeit $P(S|D)$ können wir nicht direkt im Baumdiagramm ablesen. Es gibt keinen Pfad und auch keinen Pfadabschnitt, der ihren Wert repräsentiert.

Hier hilft die Formel von Bayes weiter.

FORMEL VON BAYES:

$$P(S|D) = \frac{P(S \cap D)}{P(U \cap D) + P(S \cap D)}$$

Die Idee dieser Formel ist die folgende: Es gibt mehrere „Ursachen" für das Ausschlagen des Detektors (Ereignis D): schuldige und – fälschlicherweise – auch unschuldige Personen. Der **Nenner** enthält die Summe der Wahrscheinlichkeiten aller Pfade, in denen D zutrifft. Der **Zähler** enthält nur die Wahrscheinlichkeit eines Pfads, in dem D zutrifft, nämlich den, bei dem der Detektor bei einer schuldigen Person ausschlägt. Der Quotient berechnet also gerade den Anteil, den die schuldigen Personen am Ausschlag des Detektors haben.

DER LÜGENDETEKTOR SCHLÄGT BEI 2 VON INSGESAMT 4 PFADEN AUS.

1.PFAD : $P(U \cap D) = P(D/U) \cdot P(U)$

2.PFAD : $P(S \cap D) = P(D/S) \cdot P(S)$

EINGESETZT IN DIE FORMEL VON BAYES:

$$P(S/D) = \frac{P(S \cap D)}{P(U \cap D) + P(S \cap D)} = \frac{P(S) \cdot P(D/S)}{P(U) \cdot P(D/U) + P(S) \cdot P(D/S)}$$

Mit den obigen Werten ermitteln wir

$$P(S|D) = \frac{0{,}083 \cdot 0{,}92}{0{,}917 \cdot 0{,}02 + 0{,}083 \cdot 0{,}92} = 0{,}806 \approx 81\%$$

Das Ergebnis mag verblüffen: Obwohl der Lügendetektor ausschlägt, ist die getestete Person nur mit einer Wahrscheinlichkeit von rund 81% schuldig. Als Nachweis für eine Verurteilung reicht das wohl kaum aus.

Übrigens: Wer meint, der entscheidende Parameter, den man beim Lügendetektor zur Verbesserung der Aussage ändern müsste, sei die Verlässlichkeit, einen Schuldigen zu erkennen (momentan 92%), der irrt. Vielmehr muss man die Wahrscheinlichkeit, einen Unschuldigen irrtümlich als schuldig abzustempeln (momentan 2%), deutlich verkleinern. Woran liegt das?

Nun, die Anzahl der unschuldigen Personen ist viel größer als die Anzahl der schuldigen Personen. Diese Anzahlen gewichten aber in obiger Formel gerade die Verlässlichkeitswahrscheinlichkeiten. Somit schlägt sich die Unzuverlässigkeit von 2% ganz schön nieder.

 **BEACHTE!** Es kommt nicht nur auf die Verlässlichkeit eines Verfahrens, sondern auch auf die Größe der Population an. Ist die Population sehr groß (wie etwa die Zahl der Unschuldigen oder Gesunden in der Bevölkerung), so kann aus einer (scheinbar) hohen Verlässlichkeit bezogen auf das Individuum eine kleine Verlässlichkeit bezogen auf die ganze Population werden, was letztlich das Aus des Verfahrens (Lügendetektor, medizinischer Test) bedeuten kann.

Mit der Bayes'schen Formel können nicht nur Lügendetektoren qualifiziert werden. Für eine **medizinische Vorsorgeuntersuchung**, die beispielsweise auf Krebszellen oder auf HIV testet, ist eine Aussage, dass eine getestete Person mit einer Verlässlichkeit von 81% erkrankt ist, völlig indiskutabel. Bei medizinischen Tests muss das Fehlerrisiko, einen Gesunden als krank einzustufen, so gering wie nur irgendmöglich gehalten werden.

Ein weiteres Anwendungsgebiet für die Formel von Bayes sind **Filter für das Aussortieren von Spam-E-Mails**. Das Vorkommen bestimmter Schlüsselwörter in einer E-Mail führt zu einer automatisierten Entscheidung darüber, ob die E-Mail erwünscht oder auszusortieren ist. Man nennt dieses Verfahren auch Bayes'scher Filter.

 **WISSENSWERTES**

Während in Deutschland der Bundesgerichtshof 1998 den Einsatz von poly-graphischen Untersuchungsmethoden („Lügendetektor") im gerichtlichen Ver-fahren als Beweismittel generell ausgeschlossen hat, sind diese in den USA zuge-lassen. (So weit wir wissen, sind diese Untersuchungsmethoden auch in anderen EU-Ländern nicht zugelassen.) Selbst eine Reihe von schwerwiegenden Fehl-entscheidungen, die sich auf die Verwendung von Polygraphen zurückführen ließen, konnten den Glauben an Lügendetektoren in den USA nicht erschüttern. So finden Lügendetektoren sogar beim Geheimdienst CIA und der Bundespolizei FBI Anwendung, um die Vertrauenswürdigkeit von Bewerbern zu beurteilen.

Thomas Bayes (1702 bis 1761) war ein englischer Mathematiker und presby-terianischer Pfarrer. Seine nach ihm benannte Formel, die er im Jahre 1750 ent-deckte, wurde erst zwei Jahre nach seinem Tod veröffentlicht.

ERKENNTNISSE
DIESES KAPITELS

- Die **Wahrscheinlichkeit nach Laplace** ist definiert als Quotient der Anzahl der günstigen Ergebnisse dividiert durch die Anzahl der möglichen Ergebnisse. Sie gilt nur, wenn alle Ergebnisse gleich wahrscheinlich sind.

- Die **Wahrscheinlichkeit** eines Ereignisses liegt zwischen null und eins.

- Ein **sicheres Ereignis** hat die Wahrscheinlichkeit eins, ein **unmögliches** die Wahrscheinlichkeit null.

- Die Wahrscheinlichkeit des Ereignisses A **oder** B ist die **Summe** der Einzelwahrscheinlichkeiten von A und B, wenn A und B unvereinbar sind.

- Die Wahrscheinlichkeit des Ereignisses A **und** B ist das **Produkt** der Einzelwahrscheinlichkeiten von A und B, wenn A und B unvereinbar sind.

- Durch die **bedingte Wahrscheinlichkeit** lässt sich die Wahrscheinlichkeit eines Ereignisses ausdrücken, das durch ein anderes beeinflusst wird.

- Mit dem **Satz von Bayes** kann der Einsatz (oder die Fragwürdigkeit) von bestimmten Geräten oder Methoden abgeklärt werden (Lügendetektor). Wenn mehrere Ursachen am Zustandekommen eines Ereignisses beteiligt sind, so gibt die Formel von Bayes den Anteil einer einzelnen Ursache daran an (Anteil schuldig bei Ausschlag des Lügendetektors).

MATHEMATISCHES RÄTSELRATEN

Mathematisches Rätselraten

In der Wahrscheinlichkeitsrechnung befassen wir uns oftmals mit Fragen, für die wir gleiche oder verschiedene Gegenstände nach bestimmten Kriterien anordnen oder Teilmengen aus Mengen bilden müssen. Dabei überlegen wir uns, wie viele verschiedene Möglichkeiten es jeweils dafür gibt.

Die Stochastiker haben sich für diesen Zweck einen Baukasten aus sechs möglichen Grundformeln zusammengestellt. Bei komplexen Fragestellungen bauen sie dann aus diesen Grundformeln neue Formeln zusammen. In unserem Buch verwenden wir vier dieser Grundformeln:

1. Grundformel: n^k

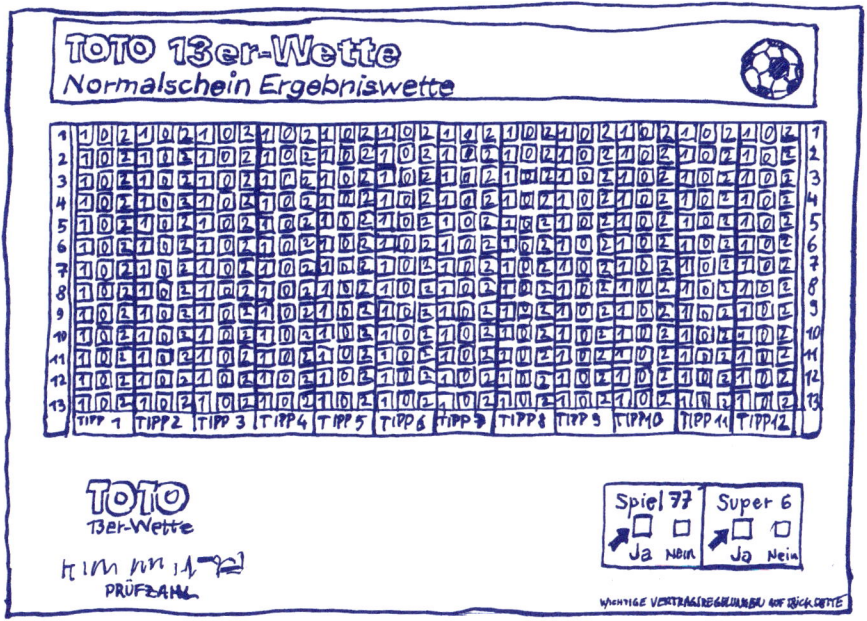

Beim Fußballtoto (13er Wette) muss man die Ergebnisse aus 13 Fußballspielen vorhersagen. Dabei tippt man für jedes der 13 Spiele entweder auf Sieg für die erstgenannte Mannschaft, auf Unentschieden oder auf Sieg für die zweitgenannte Mannschaft. Man macht sein Kreuz also bei 1, 0 oder 2.

Wenn zum Beispiel das Ergebnis von Bayern München vs. Borussia Dortmund getippt werden soll, bedeuten:

1 = Bayern München gewinnt,

0 = unentschieden,

2 = Borussia Dortmund gewinnt.

Genauso verfahren wir mit den zwölf anderen Spielen auf dem Tippschein. Am Ende haben wir eine ganze Tippreihe gemacht, bestehend aus 13 Kreuzen.

Wie viele unterschiedliche Tippreihen aus 13 Kreuzen gibt es?

Wir schauen uns einmal einen ganz einfachen Totoschein an, einen mit nur einer Wette. Danach nehmen wir noch eine Wette dazu und machen schrittweise weiter, bis wir einen Schein mit 13 Wetten haben.

Nach diesen Vorüberlegungen sind wir fit für den kompletten Totoschein:

Jeder der 13 Spielbegegnungen auf einem Tippschein lassen sich drei mögliche Ergebnisse zuordnen: drei Möglichkeiten für das erste Spiel, drei Möglichkeiten für das zweite usw. Das führt zu insgesamt

$$3 \cdot 3 \cdot 3 \cdot 3 \cdot 3 \cdot 3 \cdot 3 \cdot 3 \cdot 3 \cdot 3 \cdot 3 \cdot 3 \cdot 3 = 3^{13} = 1.594.323$$

Möglichkeiten, einen Toto-Schein auszufüllen.

Diese Fragestellung können wir abstrahieren und etwas allgemeiner formulieren:

Möchte man k verschiedene Objekte (13 Spielbegegnungen) mit jeweils einem von n verschiedenen Etiketten versehen (Kreuz bei 1, 0 oder 2) und können dabei diese Etiketten auch wiederholt verwendet werden (die 1 darf bei mehreren Spielbegegnungen angekreuzt werden), so kann man dies auf insgesamt

$$n^k$$

Arten tun.

Diese Fragestellung bezeichnet man als **Variation mit Wiederholung**.

2. Grundformel: $n!$

Statistica geht mit Bernie auf den Sportplatz. Sie sehen sich eine Leichtathletik-meisterschaft an. Beim Finallauf über 100 m starten acht Sprinter. **Wie viele mögliche Reihenfolgen gibt es für den Zieleinlauf?**

Statistica demonstriert Bernie die Lösung am Beispiel eines Vorlaufs, an dem nur drei Sprinter teilgenommen haben.

Im Finallauf über 100 m starten schließlich acht Läufer. *Wie viele mögliche Reihenfolgen gibt es jetzt für den Zieleinlauf?*

Nun, um den ersten Platz streiten alle acht Starter. Ist dieser aber erst einmal vergeben, so streiten um den zweiten Platz nur noch sieben Starter, bis schließlich um den letzten Platz nicht mehr gestritten wird: Diesen bekommt der einzige, noch verbliebene Starter.

Diese Überlegung führt direkt zu folgendem Produkt aus acht Faktoren, um die Anzahl der möglichen Zieleinläufe zu berechnen:

$$\text{Anzahl Zieleinläufe } 8! = 8 \cdot 7 \cdot 6 \cdot 5 \cdot 4 \cdot 3 \cdot 2 \cdot 1 = 40.320$$

Allgemein können wir wieder festhalten: Man kann n verschiedene Objekte auf insgesamt $n!$ (sprich n-Fakultät) Arten anordnen, wenn es auf die Reihenfolge dieser Objekte ankommt.

Bei obigem 100 m-Lauf ist die Reihenfolge sehr wohl entscheidend, in der die Sportler ins Ziel einlaufen.

Diese Fragestellung bezeichnet man als **Permutation ohne Wiederholung**.

NICHT SCHLECHT, BERNIE, WEIL DIESE
SCHREIBWEISE ABER VIEL ZU LANG IST, SIEHT
DAS SO AUS: 8! = 40.320. DIESE 8 MIT
RUFEZEICHEN HEISST: „8 FAKULTÄT".

TOLL. ABER WENN SIE EHRLICH SIND,
FRAU STATISTICA, WIRKLICH INTERESSANT
SIND DOCH IMMER NUR DIE ERSTEN DREI, AUCH
BEI EINEM STARTERFELD VON ACHT ODER
MEHR LÄUFERN.

Der Einwand von Bernie ist berechtigt. Für die Medaillenränge sind nur die ersten drei Plätze entscheidend. Für die drei erstplatzierten Läufer überlegen wir uns, auf wie viele Arten wir drei der acht Läufer anordnen können. Dazu brauchen wir die nächste Grundformel.

3. Grundformel: $\dfrac{n!}{(n-k)!}$

Wenn wir uns für die ersten drei Plätze interessieren, sind die möglichen Anordnungen der hinteren fünf Plätze uninteressant. Die Anzahl der Permutationen, die sich aus diesen fünf Platzierungen ergeben, sind in der Anzahl der Permutationen über alle acht Plätze enthalten.

*„Klaro, also ziehen wir sie wieder ab!" wirft Bernie ein. „Vorsicht!", mahnt Statistica. „Die Permutationen der hinteren fünf Plätze sind ja multiplikativ in der Fakultät von 8 enthalten, also müssen wir sie heraus **dividieren!"***

$$\frac{8 \times 7 \times 6 \times 5 \times 4 \times 3 \times 2 \times 1}{5 \times 4 \times 3 \times 2 \times 1} = 8 \times 7 \times 6$$

Der erste Platz kann von acht Startern erobert werden, der zweite Platz von sieben Startern und der dritte Platz schließlich von sechs Startern. Das führt zu folgender Anzahl von möglichen Belegungen der Medaillenränge:

$$8 \cdot 7 \cdot 6 = 336$$

Das Produkt dieser drei Faktoren entspricht genau dem Quotienten

$$\frac{8!}{(8-3)!} = \frac{8!}{5!} = \frac{8 \cdot 7 \cdot 6 \cdot 5 \cdot 4 \cdot 3 \cdot 2 \cdot 1}{5 \cdot 4 \cdot 3 \cdot 2 \cdot 1}$$

Daraus ergibt sich die allgemeine Formel: Man kann k verschiedene Objekte von insgesamt n möglichen auf genau

$$\frac{n!}{(n-k)!}$$

Arten anordnen, wenn es auf die Reihenfolge dieser Objekte ankommt. (Dabei ist natürlich $k \le n$.)

Diese Fragestellung bezeichnet man als **Variation ohne Wiederholung**.

4. Grundformel: $\dfrac{n!}{(n-k)!\,k!}$

Statistica schaut Bernie an: „Ist so weit alles klar?" Bernie lächelt gequält: „Ich denke schon, es ist alles eine Frage der Ordnung!" Statistica: „Eben! Und der guten Ordnung halber verrate ich Ihnen jetzt auch, wie man Kombinationen löst, wenn es nicht auf die Ordnung ankommt."

Statistica lädt Bernie in eine Eisdiele ein. Eine Schiefertafel, die eine Gratisportion Eis für das Lösen eines Rätsels verspricht, erregt Bernies Aufmerksamkeit. Bernie setzt sich in die Eisdiele und grübelt. Kurze Zeit später gesellt sich Statistica zu ihm und bekommt von dem freundlichen Italiener eine Gratisportion Eis serviert.

Käme es auf die Reihenfolge an, mit der die drei verschiedenen Eiskugeln von 40 möglichen Sorten in den Becher gelegt werden, so gäbe es, wie wir gerade gesehen haben,

$$\frac{40!}{(40-3)!} = \frac{40!}{37!} = 40 \cdot 39 \cdot 38 = 59.280$$

Möglichkeiten, dies zu tun.

Tatsächlich aber ist die Reihenfolge, mit der die Eiskugeln in den Becher gelangen, für die Eiskomposition egal.

Der obige Wert berücksichtigt somit zu viele Variationen. Wir müssen ihn um die Anzahl der Möglichkeiten **kürzen**, mit der man drei Kugeln Eis anordnen kann. Das geht auf genau

$$3! = 3 \cdot 2 \cdot 1 = 6$$

Arten und wir erhalten

$$\frac{40!}{(40-3)! \cdot 3!} = \frac{40!}{37! \cdot 3!} = \frac{40 \cdot 39 \cdot 38}{3 \cdot 2 \cdot 1} = 9880$$

tatsächlich verschiedene Eisbecher.

Für diesen Quotienten gibt es eine schicke Kurzschreibweise:

$$\binom{40}{3} = \frac{40!}{(40-3)! \cdot 3!}$$

UND?

BISHER WAR ALLES EINE FRAGE DER ORDNUNG. IN DIESEM FALL ABER, IST ES EGAL IN WELCHER REIHENFOLGE DIE KUGELN IN DEN BECHER GEGEBEN WERDEN.

Diese Klammer mit den beiden übereinandergestellten Zahlen nennt man **Binomialkoeffizient**. Man sagt „3 aus 40".

Allgemein schreibt sich der Binomialkoeffizient

$$\binom{n}{k}$$ sprich „k aus n".

Der Binomialkoeffizient ist die Kurzform des folgenden Quotienten:

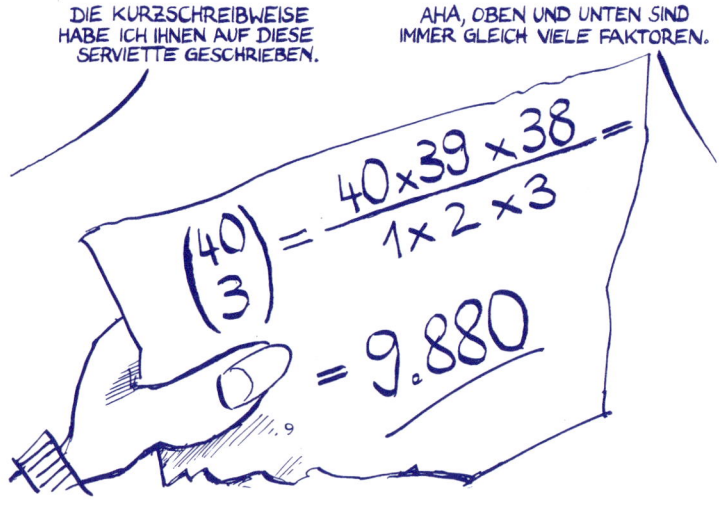

DIE KURZSCHREIBWEISE HABE ICH IHNEN AUF DIESE SERVIETTE GESCHRIEBEN.

AHA, OBEN UND UNTEN SIND IMMER GLEICH VIELE FAKTOREN.

$$\binom{40}{3} = \frac{40 \times 39 \times 38}{1 \times 2 \times 3} = 9.880$$

Fragestellungen, die mit dem Binomialkoeffizienten gelöst werden, bezeichnet man als **Kombination ohne Wiederholung**.

Wir fassen noch einmal alle Formeln unseres kombinatorischen Baukastens zusammen, auch die beiden, die wir in diesem Buch nicht behandelt haben. Dabei ordnen wir stets aus n Elementen eine neue Auswahl mit k Elementen an, jeweils mit bzw. ohne Beachtung der Reihenfolge und jeweils mit oder ohne Wiederholung eines einzelnen Elements.

	Mit Beachtung der Reihenfolge: **Variation**	Ohne Beachtung der Reihenfolge: **Kombination**	**Permutation**
Ohne Wiederholung	$\dfrac{n!}{(n-k)!}$	$\dbinom{n}{k}$	$n!$
Mit Wiederholung	n^k	$\dbinom{n+k-1}{k}$	$\dfrac{n!}{k_1! \cdot k_2! \cdot \ldots \cdot k_m!}$

Weitere „alltägliche" Kombinationen

Binomialkoeffizienten haben interessante Anwendungen. Wann immer man aus einem Angebot eine Auswahl trifft, ohne sich dabei zu wiederholen, und in dieser Auswahl keine Reihenfolge festlegt, liegt eine Kombination ohne Wiederholung vor.

Am bekanntesten ist wohl die Frage nach der Anzahl der möglichen Tippreihen beim Lottospiel. Aus 49 nummerierten Kugeln werden 6 ausgewählt.

Zwar tut die Ziehungsmaschine dies zunächst nacheinander, also in einer bestimmten Reihenfolge, aber diese ist letztlich für die Gewinnermittlung irrelevant. Die Ziehung der Lottozahlen ist der klassische Fall einer Auswahl „ohne Beachtung der Reihenfolge" und „ohne Wiederholung" – jede Kugel wird nur einmal gezogen.

Der Binomialkoeffizient liefert

$$\binom{49}{6} = \frac{49 \cdot 48 \cdot 47 \cdot 46 \cdot 45 \cdot 44}{1 \cdot 2 \cdot 3 \cdot 4 \cdot 5 \cdot 6} = 13.983.816$$

Möglichkeiten, **6 Kugeln aus 49** auszuwählen.

Im nächsten Beispiel schauen wir uns Dualzahlen etwas genauer an. Während der Mensch mit Dezimalzahlen vertraut ist, verarbeitet ein Computer Zahlen im Binärformat, einer Sequenz aus Nullen und Einsen. So stellt er die Dezimalzahl 20 wie folgt dar:

    10100

Wie viele Dualzahlen lassen sich bilden, die genau fünf Stellen haben und zwei Einsen enthalten? (Führende Nullen sind erlaubt.)

Auch wenn es auf den ersten Blick nicht so scheinen mag, so liegt doch eine **Kombination ohne Wiederholung** vor. Zwar besetzen wir zwei Stellen der fünfstelligen Zahl jeweils mit einer Eins, was scheinbar eine Wiederholung ist. Beachtet man jedoch, dass beide Stellen eine unterschiedliche Wertigkeit haben, so kommt jeder 1 eine eigene Bedeutung zu. Wir kombinieren also zwei verschiedene Wertigkeiten, daher „ohne Wiederholung".

Wir wollen fünf Stellen mit zwei Einsen und drei Nullen besetzen. Dazu wählen wir **2 aus 5 Stellen** aus, die wir mit den Einsen besetzen. Die restlichen drei Stellen werden auf genau eine verbleibende Möglichkeit mit drei Nullen besetzt. Mit dem Binomialkoeffizienten berechnen wir

$$\binom{5}{2} = 10$$

Möglichkeiten, 2 aus 5 Stellen auszuwählen.

Man hätte natürlich auch zunächst die **drei Stellen für die Nullen** auswählen und die restlichen zwei Stellen auf genau eine Möglichkeit mit zwei Einsen belegen können. Dies muss letztlich zum gleichen Ergebnis führen. Tatsächlich liefert der Binomialkoeffizient 3 aus 5 den gleichen Wert:

$$\binom{5}{3} = \frac{5 \cdot 4 \cdot 3}{1 \cdot 2 \cdot 3} = 10$$

Wir erhalten hier ein interessantes Nebenergebnis. Der Wert zweier Binomialkoeffizienten mit derselben oberen Zahl ist dann gleich, wenn die Summe der unteren Zahlen exakt die obere Zahl ergibt.

$$\binom{n}{k} = \binom{n}{n-k}, \text{ denn } k+(n-k)=n$$

Unter den Zahlenrätseln sind Sudokus sehr populär. Täglich werden unzählige neue angeboten. Wie viele verschiedene Sudokus sind eigentlich möglich?

Die Spielregeln von **Sudoku** schreiben vor, dass in jeder Zeile und in jeder Spalte jede der neun Ziffern 1 bis 9 nur einmal vorkommen darf. Das ganze quadratische Spielfeld aus neun mal neun Feldern ist zudem in neun kleinere Quadrate von drei mal drei Feldern unterteilt, in welchen ebenfalls jede der neun Ziffern nur einmal vorkommen darf.

Das Befolgen all dieser Spielregeln mit den Hilfsmitteln unseres kombinatorischen Baukastens ist zweifellos sehr schwierig. Wir wollen uns daher darauf beschränken, die Anzahl aller möglichen Kombinationen eines Sudokus nach oben abzuschätzen, indem wir **nur die erste der Spielregeln** beachten: In jeder Zeile darf jede der Ziffern 1 bis 9 nur einmal vorkommen.

Innerhalb der ersten Zeile gibt es 9! (neun Fakultät) Möglichkeiten, die Ziffern anzuordnen (**Permutation ohne Wiederholung**). Ebenso viele Möglichkeiten existieren für die zweite und alle weiteren Reihen, jedes Mal sind es 9! Anordnungen.

Um auf die Gesamtzahl der Möglichkeiten zu schließen, multiplizieren wir die Anzahl der Anordnungen der ersten Reihe mit der Anzahl der Anordnungen der zweiten Reihe und so fort, bis wir schließlich

$$9! \cdot 9! \cdot ... \cdot 9! = (9!)^9$$

erhalten (**Variation mit Wiederholung**). Mit dem Taschenrechner lässt sich diese Zahl bequem abschätzen:

$$(9!)^9 = 1,09 \cdot 10^{50}$$

Diese grobe Abschätzung liefert ein Ergebnis, welches etwa um den Faktor 10^{29} größer ist als die tatsächliche Anzahl aller 9x9-Sudokus. Mit nur wenigen Überlegungen lässt sich unsere Obergrenze noch um ein paar Zehnerpotenzen vermindern. Der Leser möge es einmal selber probieren.

 **WISSENSWERTES**

Die Anzahl aller möglichen, entsprechend der Spielregeln zulässigen 9x9-Sudokus lässt sich nicht mehr als Formel ausdrücken, sondern nur noch als ein umfangreicher Berechnungsalgorithmus, den man mithilfe eines Computers lösen muss. Es ist letztlich nicht überprüft, ob die folgende Zahl die richtige Lösung darstellt:

6.670.903.752.021.072.936.960 (rund 6,7 Trilliarden)

Aber immerhin kamen zwei Teams von Mathematikern (Bertram Felgenhauer von der Technischen Universität Dresden zusammen mit Frazer Jarvis von der Universität Sheffield und andererseits Ed Russell) unabhängig voneinander zum selben Ergebnis, der obigen Zahl.

ERKENNTNISSE DIESES KAPITELS

- **Variation mit Wiederholung** gibt die Anzahl der Möglichkeiten an, k verschiedene Objekte mit n Etiketten zu versehen. Dabei dürfen dieselben Etiketten mehrmals verwendet werden (Beispiel Fußballtoto).

- **Permutation ohne Wiederholung** gibt an, auf wie viele Arten wir n Objekte anordnen können, wenn es auf die Reihenfolge dieser Objekte ankommt (Beispiel Zieleinlauf bei Läufern).

- **Variation ohne Wiederholung** gibt die Anzahl der Möglichkeiten an, k verschiedene Objekte aus einer größeren Menge von n Objekten anzuordnen, wenn es auf die Reihenfolge dieser Objekte ankommt (Beispiel: die ersten Drei bei insgesamt acht Läufern).

- **Kombination ohne Wiederholung** gibt die Anzahl der Möglichkeiten an, k verschiedene Objekte aus einer größeren Menge von n Objekten auszuwählen, wenn es auf die Reihenfolge nicht ankommt und wenn kein Objekt doppelt vorkommen darf (Beispiel Eiskugelrätsel, Lotto).

- Der **Binomialkoeffizient** ist eine Kurzschreibweise für die Formel, mit der Kombinationen ohne Wiederholung gelöst werden.

Kapitel 5

DIE SPRACHE DER STATISTIK

Zufallsvariable und Verteilung

Die Sprache der Statistik

Die **beschreibende Statistik** hat uns gelehrt, wie wir unser Datenmaterial interpretieren und veranschaulichen können.

Die **Wahrscheinlichkeitsrechnung** liefert uns Methoden, mit denen wir die Wahrscheinlichkeit möglicher Ergebnisse eines Zufallsexperiments einstufen können.

Mittels der **analytischen Statistik** können wir auf Basis gesammelter Daten auf allgemeingültige Zusammenhänge schließen. Diese Verfahren verwendet man bei Wahlprognosen oder ganz generell bei jeder Art von Voraussagen, die auf Stichproben basieren. Ausgehend von Beobachtungen versuchen wir in Kapitel 7 Schlüsse auf das zugrunde liegende Wahrscheinlichkeitsmodell zu ziehen und gewinnen aus Stichproben Aussagen für die Gesamtpopulation.

Zunächst aber müssen wir ein paar Vorbereitungen treffen: In den Kapiteln 5 und 6 führen wir Zufallsvariablen ein und lernen die beiden wichtigsten Wahrscheinlichkeitsverteilungen der Statistiker kennen.

Im Folgenden begleiten wir Statistica und Bernie in ein Spielcasino. Wir interessieren uns dabei sehr genau für die Arbeit des Croupiers, der am Roulettetisch blitzschnell über die Höhe der Gewinne der Spieler entscheiden muss. Die Frage, mit der sich Spieler befassen, ist weniger, mit welcher Wahrscheinlichkeit die Kugel im Drehteller auf eine bestimmte Zahl fällt, als vielmehr die Wahrscheinlichkeit, mit der sie gewinnen können. Auf diesen kleinen, aber wichtigen Unterschied kommt es uns jetzt an.

Diskrete Zufallsvariablen

Die Ergebnisse eines Zufallsexperiments sind für uns meist nur vordergründig von Bedeutung. Vielmehr interessieren wir uns für bestimmte Merkmale dieser Ergebnisse. Man denke dabei an den Wurf zweier Würfel, bei dem die Augensumme interessiert, oder an Glücksspiele, bei denen jedes Ergebnis mit dem Gewinn oder Verlust eines bestimmten Geldbetrags verbunden ist.

Diese Lücke füllt die **Zufallsvariable**, vielfach auch **Zufallsgröße** genannt. Wir schreiben die Zufallsvariable mit einem großen X.

Die Bedeutung von X legen wir bei jedem Zufallsexperiment genau fest. Sie hebt das Merkmal eines Ergebnisses heraus, für das wir uns speziell interessieren.

Man kann sich X als einen **Etikettierer** vorstellen: Er drückt jedem Ergebnis eines Zufallsexperiments ein Etikett auf. Der Aufdruck des Etiketts hebt das uns interessierende Merkmal des Ergebnisses hervor, beispielsweise *gerade* oder *ungerade* Augenzahl beim Würfeln, die Anzahl der Wappen beim mehrfachen Werfen einer Münze oder der Gewinn/Verlust bei einem Glücksspiel.

Wir werfen zweimal eine Münze und interessieren uns dafür, wie oft Wappen vorkommt. Dadurch ist auch gleich die Bedeutung unserer Zufallsvariable X festgelegt. Sie ordnet jedem Ergebnis die Anzahl der vorkommenden Wappen zu:

$$X(WW) = 2, \qquad X(WZ) = 1, \qquad X(ZW) = 1, \qquad X(ZZ) = 0$$

Bei Würfen mit zwei Würfeln kommt es oft auf die Summe der Augenzahlen an. Wir legen nun die Zufallsvariable X so fest, dass sie jedem Ergebnis die Summe beider Augenzahlen zuordnet.

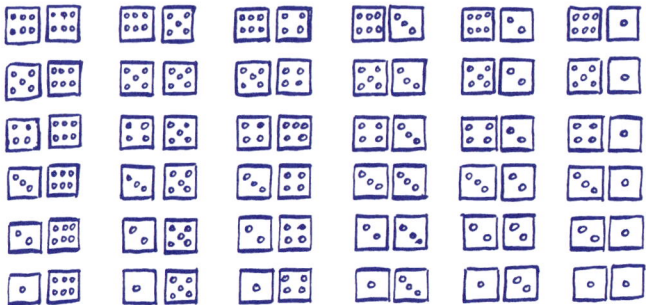

Bei einer Zwei im ersten und einer Sechs im zweiten Wurf erhält man:

$$X\big((2,6)\big) = 2 + 6 = 8$$

Für das **Roulettespiel** bezeichne die Zufallsvariable X den Gewinn bzw. Verlust, den man mit seinem Einsatz erzielen kann. Bernie hat auf die erste Reihe gesetzt und kann den doppelten Einsatz gewinnen, wenn tatsächlich eine der Zahlen 1, 4, 7, 10 usw. bis 34 fällt. Dagegen geht sein Einsatz verloren, wenn eine der übrigen Zahlen, 2, 3, 5, 6 usw. bis 35, 36 oder 0, fällt.

Bernie hat 2 Euro auf die erste Reihe gesetzt. Im Gewinnfall bekäme er zusätzlich zu seinem Einsatz 4 Euro, andernfalls ginge der Einsatz verloren. Seine Gewinne

ERGEBNIS	0	1	2	3	4	5	6	7	8	9	10	11	12	...	34	35	36
WERT FÜR ZUFALLS-VARIABLE	-2	+4	-2	-2	+4	-2	-2	+4	-2	-2	+4	-2	-2	...	+4	-2	-2

und Verluste veranschaulichen wir in folgender Tabelle:

Die Zufallsvariable X arbeitet wie eine Funktion, die jedem Wert des Roulettetischs einen Gewinn oder Verlust zuordnet.

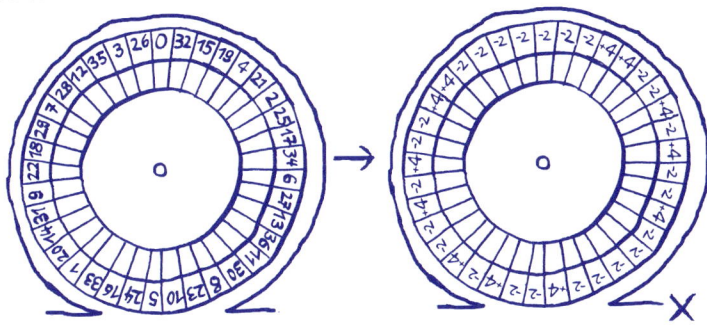

Rein formal ist die Zufallsvariable X eine Funktion, die jedem Ergebnis des Ergebnisraums eine reelle Zahl zuordnet. Diese Menge der reellen Zahlen ergibt einen neuen Ergebnisraum, den wir mit Ω_x bezeichnen.

$$X: \Omega \rightarrow \Omega_x \subseteq \mathbb{R}$$

Die Wahrscheinlichkeitsfunktion einer diskreten Zufallsvariable

Bei Zufallsexperimenten kennen wir meist die Wahrscheinlichkeiten der Ergebnisse. Mit ihnen können wir auch für die einzelnen Werte, die die Zufallsvariable annimmt, eine Wahrscheinlichkeit angeben. So versehen wir jedes Etikett mit einer Wahrscheinlichkeit.

Betrachten wir dazu den zweifachen Münzwurf aus obigem Beispiel. Wir interessieren uns dafür, wie oft Wappen auftritt. Das kann kein-, ein- oder zweimal passieren. Mister X verteilt also Etiketten mit Nullen, Einsen und Zweien.

Mit welcher Wahrscheinlichkeit wird nun welches Etikett beim nächsten Münzwurf vergeben?

ERGEBNIS	WW	WZ	ZW	ZZ
WAHRSCHEINLICHKEIT	$\frac{1}{4}$	$\frac{1}{4}$	$\frac{1}{4}$	$\frac{1}{4}$
WERT FÜR ZUFALLS-VARIABLE = ETIKETT	2	1		0
P(X=ETIKETT) =WAHRSCHEINL. FÜR ETIKETT	$\frac{1}{4}$	$\frac{1}{2}$		$\frac{1}{4}$

Anhand der Tabelle kann man sehr schön erkennen: Während jedes Ergebnis des zweifachen Münzwurfs gleich wahrscheinlich ist (alle Ergebnisse treten mit der Wahrscheinlichkeit $\frac{1}{4}$ auf), wird das Etikett mit der Nummer 1 mit größerer Wahrscheinlichkeit verwendet als die anderen Etiketten.

Um die Wahrscheinlichkeiten der Etiketten zu bestimmen, verwenden wir eine neue Funktion, die **Wahrscheinlichkeitsfunktion**. Formal ordnet sie jedem Wert x aus dem Wertebereich Ω_X der Zufallsvariablen X eine Wahrscheinlichkeit zu:

$$P : \Omega_X \to [0; 1]$$

Man könnte auch sagen, dass jedem Etikett seine Wahrscheinlichkeit zugeordnet wird.

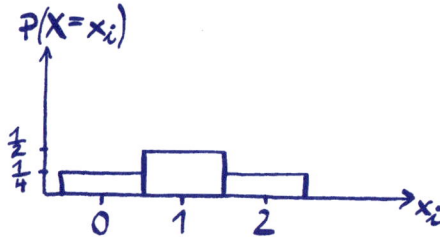

Mit einem **Histogramm** stellen wir die Wahrscheinlichkeitsfunktion als eine *Wahrscheinlichkeitsverteilung* dar. Ein Histogramm ist ein Spezialfall eines Säulendiagramms, bei dem es uns nicht nur auf die Höhe, sondern auch auf die Breite der Säulen ankommt. Wir wählen für die Breite einer Säule genau 1. Dadurch gibt die Fläche jeder Säule genau die Wahrscheinlichkeit des jeweiligen Werts der Zufallsvariable an. Alle Säulen zusammen haben dann die Fläche 1.

Mit Einführung der Zufallsvariable sparen wir uns ganz nebenbei auch eine Menge Schreibarbeit. Wenn die Bedeutung der Zufallsvariable klar ist, können wir in Zukunft bei der Frage nach der Wahrscheinlichkeit dafür, dass genau einmal Wappen auftaucht, statt

$P(\text{\textit{„Zweifacher Münzwurf zeigt einmal Wappen“}})$,

kürzer und eleganter schreiben $P(X=1)$.

Um die **Wahrscheinlichkeitsverteilung** für das **Roulettebeispiel** darzustellen, überlegen wir uns zuerst, dass jede der Zahlen 0 bis 36 mit der gleichen Wahrscheinlichkeit $\frac{1}{37}$ fallen kann. Die Zahlen 1, 4, 7 usw. bis 34 gehören zur gewinnbringenden ersten Reihe, die 25 übrigen Zahlen bedeuten den Verlust des Einsatzes. Wir erhalten also für die Wahrscheinlichkeit, 4 Euro zu gewinnen bzw. den Einsatz von 2 Euro zu verlieren:

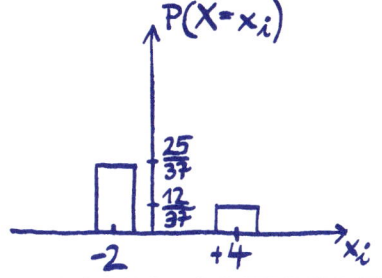

$$P(X = +4) = \frac{12}{37} = 32{,}4\%$$

$$P(X = -2) = \frac{25}{37} = 67{,}6\%$$

Auch hier ergibt die Fläche beider Säulen zusammen den Wert 1.

WISSENSWERTES

Amerikanische Casinos setzen gerne Roulettetische mit zwei Nullen ein: die Null und die Doppelnull. Weil es nun eine Zahl mehr gibt, die für den Spieler zum Verlust seines Einsatzes führt, verschiebt sich die Wahrscheinlichkeit eines Gewinns zugunsten des Casinos.

$$P(X = +4) = \frac{12}{38} = 31{,}6\%$$

$$P(X = -2) = \frac{26}{38} = 68{,}4\%$$

UND BERNIE, HAT ES IHNEN IM CASINO GEFALLEN?

KEINE AHNUNG! ICH HABE JA NUR EINMAL GESETZT UND DANN IMMER MIT DIESEM ETIKETTIERER QUATSCHEN MÜSSEN.

Die Verteilungsfunktion einer diskreten Zufallsvariable

Wenn wir nach Wahrscheinlichkeiten bestimmter Ergebnisse eines Zufallsexperiments fragen, so verwenden wir häufig auch die beiden Begriffe **höchstens** oder **mindestens**: „Mit welcher Wahrscheinlichkeit erhält man beim zweifachen Münzwurf mindestens einmal Wappen?" oder „Mit welcher Wahrscheinlichkeit wirft man mit zwei Würfeln höchstens die Augensumme 4?"

Wir fragen also nach

$$P(X \geq 1) \text{ bzw. } P(X \leq 4)$$

Grafisch können wir diese Fragestellungen mittels der Histogramme sofort lösen. Wir addieren einfach die Flächen aller Säulen von links beginnend („höchstens") oder von rechts beginnend („mindestens") so lange, bis alle Werte von X berücksichtigt sind, die der Ungleichung $X \geq 1$ bzw. $X \leq 4$ genügen.

Wir rechnen einmal nach und summieren beim zweimaligen Würfeln („Augensumme maximal 4") die Wahrscheinlichkeiten für die Augensummen 2, 3 und 4:

$$P(X \leq 4) = \sum_{i=2}^{4} P(X = i)$$
$$= P(X = 2) + P(X = 3) + P(X = 4)$$
$$= \frac{1}{36} + \frac{2}{36} + \frac{3}{36} = \frac{6}{36} = \frac{1}{6}$$

Die Summe über die einzelnen Wahrscheinlichkeiten ist die **Verteilungsfunktion**. Wenn wir sie in dem gleichen Diagramm als Graph darstellen wie die Wahrscheinlichkeitsverteilung, so erhalten wir eine typische Treppenfunktion mit ansteigenden Stufen, deren erste bei 0 beginnt und deren letzte, höchste Stufe bei 1 endet.

Wir veranschaulichen die Verteilungsfunktion für die Augensumme beim zweifachen Wurf mit einem Würfel:

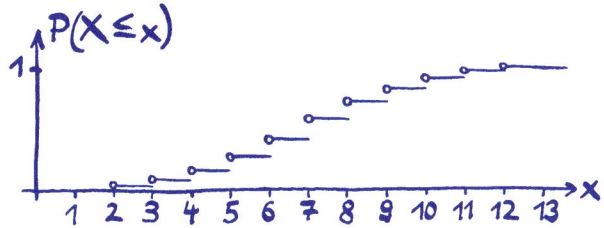

Formal ist die **Verteilungsfunktion** einer Zufallsvariable X die Summe der Wahrscheinlichkeiten aller Werte x_i für X, die unter eine vorgegebene Schranke x fallen:

$$F(x) = \sum_{x_i \leq x} P(X = x_i)$$

F nimmt dabei reelle Zahlen zwischen 0 und 1 an.

$$F : \Omega_X \to [0; 1]$$

Maßzahlen von diskreten Zufallsvariablen

Im ersten Kapitel haben wir bereits zwei Maßzahlen kennengelernt, mit denen wir Stichproben qualifizieren: Der Mittelwert ist der Durchschnittswert einer Stichprobe und die (empirische) Standardabweichung sagt etwas über die Streuung der Messwerte um diesen Mittelwert aus.

Diese Maßzahlen eignen sich ganz hervorragend, um auch die Werte einer Zufallsvariable zu **qualifizieren**. Dies bekommt Bernie ganz unvermittelt zu spüren, als er sich eines Tages mit einer Beschwerde der Tochter seiner Chefin auseinandersetzen darf.

Statisticas Tochter Christina fordert für ihre Schulnoten endlich ein gerechtes Belohnungssystem. Bisher hatte Statistica ihrer Tochter nur für eine Eins in der Schulaufgabe eine Kinokarte spendiert.

Jetzt aber sieht sich Statistica mit der Beschwerde ihrer Tochter konfrontiert, das Belohnungssystem sei nicht wirklich gerecht. Eine Zwei in der einen Schulaufgabe sei genauso zu werten wie eine Eins in einer anderen Schulaufgabe. Schließlich seien die Aufgaben oft unterschiedlich schwer und fielen entsprechend gut oder schlecht aus.

Christina belegt mit neun weiteren Schülern den Französischkurs ihres Jahrgangs. Für beide Schulaufgaben eines Halbjahrs erhält sie eine Zwei. Die Notenspiegel zeigen, wie die Schulaufgaben ausgefallen sind:

1. SCHULAUFGABE

NOTE	1	2	3	4	5	6
SCHÜLER	2	1	3	1	2	1

2. SCHULAUFGABE

NOTE	1	2	3	4	5	6
SCHÜLER	–	1	6	2	1	–

Für die zweite Schulaufgabe fordert Christina die Kinokarte ein, die sie ansonsten für eine Eins erhält. Immerhin sei ihre Zwei die beste Note des Kurses. Dies „beweise" doch, dass die Schulaufgabe viel schwieriger war als die erste.

Ein Notenspiegel ist bereits das Endergebnis einer **statistischen Auswertung**. Zunächst einmal hat die Lehrkraft nach der Korrektur der Schulaufgaben Noten vergeben. Die Lehrkraft teilt dabei jedem Schüler seine Note zu und tut dabei im übertragenen Sinne genau das, was eine Zufallsvariable leistet: Jeder Schüler erhält ein Etikett, seine Note.

Bei sechs möglichen Noten haben wir also sechs mögliche Etiketten. Jedes davon wird mit einer bestimmten Wahrscheinlichkeit vergeben:

Für die Vergabe der Noten an die Schüler sind **Zufallsvariablen** geradezu prädestiniert.

	ALINA	BRUTUS	CHRISTINA	DJANGO	EVA	FABI	GEORG	HILDE	INGO	JANA
SCHÜLER	A	B	C	D	E	F	G	H	I	J
P(SCHÜLER)	$\frac{1}{10}$	$\frac{1}{10}$	$\frac{1}{10}$	$\frac{1}{10}$	$\frac{1}{10}$	$\frac{1}{10}$	$\frac{1}{10}$	$\frac{1}{10}$	$\frac{1}{10}$	$\frac{1}{10}$
NOTE	1	1	2	3	3	3	4	5	5	6
SCHÜLER	2		1	3			1	2		1
P(X=NOTE)	$\frac{2}{10}$		$\frac{1}{10}$	$\frac{3}{10}$			$\frac{1}{10}$	$\frac{2}{10}$		$\frac{1}{10}$

113

Wir benennen zwei Zufallsvariablen X_1 und X_2, eine für den ersten und eine für den zweiten Notenspiegel, die genau die Zuordnung *Notenvergabe* leisten:

$$X_1 : \text{SCHÜLER} \longmapsto \text{NOTE 1. SCHULAUFGABE}$$

$$X_2 : \text{SCHÜLER} \longmapsto \text{NOTE 2. SCHULAUFGABE}$$

So sagt $X_1(Christina) = 2$ aus, dass Christina in der ersten Schulaufgabe die Note 2 erzielt hat.

Mithilfe der Zufallsvariable wollen wir den **Notendurchschnitt** oder **Mittelwert** errechnen. Bei Zufallsvariablen bezeichnet man den Mittelwert häufig auch als **Erwartungswert** und schreibt dafür $E(X)$. Wir fragen also: *Welche Note konnte man bei den Schulaufgaben erwarten?*

Um den Mittelwert oder eben Erwartungswert zu berechnen, gewichten wir die Note eines Schülers – $X(Schüler)$ – mit der Wahrscheinlichkeit, diesen Schüler zufällig aus der Kursgemeinschaft auszuwählen, $P(Schüler)$. Auf diese Weise werden Noten, die häufiger vorkommen, stärker berücksichtigt. Schließlich wird man öfter einen Schüler auswählen, der eine Drei hat als einen Schüler mit einer Zwei.

Der Erwartungswert $E(X)$ ist nun gerade die Summe all dieser mit der Wahrscheinlichkeit ihres Auftretens gewichteten Werte von X:

$$E(X) = \sum_{\text{ALLE SCHÜLER}} X(\text{SCHÜLER}) \cdot P(\text{SCHÜLER})$$

Wir rechnen einmal für die erste Schulaufgabe nach, bewusst ganz ausführlich:

$$E(X_1) = \sum_{alle\,Schüler} X_1(Schüler) \cdot P(Schüler)$$

$$= 1 \cdot \frac{1}{10} + 1 \cdot \frac{1}{10} + 2 \cdot \frac{1}{10} + 3 \cdot \frac{1}{10} + 3 \cdot \frac{1}{10} + 3 \cdot \frac{1}{10} + 4 \cdot \frac{1}{10} + 5 \cdot \frac{1}{10} + 5 \cdot \frac{1}{10} + 6 \cdot \frac{1}{10}$$

$$= 1 \cdot \left(\frac{1}{10} + \frac{1}{10} \right) + 2 \cdot \left(\frac{1}{10} \right) + 3 \cdot \left(\frac{1}{10} + \frac{1}{10} + \frac{1}{10} \right) + 4 \cdot \left(\frac{1}{10} \right) + 5 \cdot \left(\frac{1}{10} + \frac{1}{10} \right) + 6 \cdot \left(\frac{1}{10} \right)$$

$$= 1 \cdot \frac{2}{10} + 2 \cdot \frac{1}{10} + 3 \cdot \frac{3}{10} + 4 \cdot \frac{1}{10} + 5 \cdot \frac{2}{10} + 6 \cdot \frac{1}{10}$$

$$= \frac{33}{10} = 3{,}3$$

Auch für die zweite Schulaufgabe erhalten wir einen Erwartungswert von 3,3.

In der vierten Zeile erinnert die Rechnung an das Vorgehen, wie wir üblicherweise den **Notendurchschnitt** berechnen. Wir nehmen wieder unsere ausführliche Tabelle von oben zu Hilfe und erkennen, dass wir in der vierten Zeile so ganz nebenbei eine weitere Formel für den Erwartungswert gewonnen haben:

$$E(X_1) = 1 \cdot P(X_1 = 1) + 2 \cdot P(X_1 = 2) + \ldots + 6 \cdot P(X_1 = 6)$$

$$= \sum_{k=1}^{6} k \cdot P(X_1 = r_k)$$

Dabei sind r_1 bis r_k gerade die k verschiedenen Werte, die die Zufallsvariable annehmen kann – in unserem Fall die sechs Noten von 1 bis 6.

Tatsächlich stehen uns zwei Formeln zur Berechnung des Erwartungswerts einer Zufallsvariable zur Verfügung:

$$E(X) = \sum_{\omega \in \Omega} X(\omega) \cdot P(\omega)$$

$$= \sum_{k=1}^{n} k \cdot P(X = r_k)$$

Die zweite Summe ist meistens die praktikablere, wenn n klein ist, es also nur wenige verschiedene reelle Werte gibt, die $X(\omega)$ annehmen kann.

Den **Erwartungswert** schreibt man häufig auch kurz mit dem griechischen Buchstaben *mü*, wenn klar ist, welche Zufallsvariable gemeint ist.

$$\mu = E(X)$$

Der Erwartungswert ist allerdings zur Beantwortung der Frage nach der möglicherweise schwieriger zu bewältigenden Schulaufgabe nicht hilfreich, da er für beide Schulaufgaben den gleichen Wert liefert.

Ganz offensichtlich gibt es aber zwischen beiden Schulaufgaben einen Unterschied. Das zeigt der Blick auf die Notenspiegel: Die Noten des ersten Spiegels verteilen sich auf den gesamten Notenbereich, die des zweiten Spiegels sind recht dicht um den Notendurchschnitt versammelt. Diesen zunächst subjektiv empfundenen Unterschied können wir mittels der **Standardabweichung** objektiv quantifizieren.

Die Verteilungen der Noten beider Schulaufgaben unterscheiden sich ganz wesentlich. Die Noten des ersten Notenspiegels sind weiter um den Erwartungswert gestreut als die des zweiten Notenspiegels. Man sagt dazu auch, die Verteilung der Noten im ersten Notenspiegel (der Zufallsvariable X_1) hat eine größere **Streuung** oder **Variabilität** als die Verteilung der Noten im zweiten Notenspiegel (der Zufallsvariable X_2).

Wir brauchen also ein sinnvolles Maß für die Streuung, etwas, das die Verschiedenheit der beiden Streuungen ausdrückt.

Jetzt kommt die **Standardabweichung** aus dem ersten Kapitel zum Einsatz. Sie gibt die mittlere Abweichung aller Noten vom Erwartungswert an. Für unsere Zufallsgröße X_1 lautet die Formel:

$$\sigma(X_1) = \sqrt{\sum_{\text{ALLE SCHÜLER}} (X_1(\text{SCHÜLER}) - \mu)^2 \cdot P(\text{SCHÜLER})}$$

Für die Standardabweichung bedienen wir uns wieder des griechischen Alphabets. Sie wird mit dem *sigma* (σ) abgekürzt.

Für die Noten im ersten Notenspiegel berechnen wir die Standardabweichung wie folgt:

$$\sigma(X_1) = \sqrt{(1-3{,}3)^2 \cdot \frac{2}{10} + (2-3{,}3)^2 \cdot \frac{1}{10} + \ldots + (6-3{,}3)^2 \cdot \frac{1}{10}}$$

$$= \sqrt{(-2{,}3)^2 \cdot \frac{2}{10} + (-1{,}3)^2 \cdot \frac{1}{10} + \ldots + 2{,}7^2 \cdot \frac{1}{10}}$$

$$= \sqrt{1{,}058 + 0{,}169 + \ldots + 0{,}729} = \sqrt{2{,}61} = 1{,}62$$

Die Standardabweichung der Noten aus der zweiten Aufgabe ergibt $\sigma(X_2) = 0{,}78$.

Diese beiden Standardabweichungen machen wir jetzt in unserem Stabdiagramm als Umgebung um den Erwartungswert sichtbar:

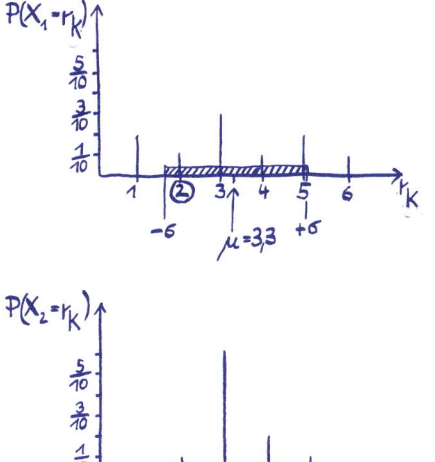

Das Argument für den Vergleich von Christinas Abschneiden bei beiden Schulaufgaben liegt nun auf der Hand. Bei der ersten Schulaufgabe befindet sie sich mit ihrer Note in guter Gesellschaft: Mit einer Zwei liegt sie innerhalb der Standardabweichung vom Erwartungswert. Bei der zweiten Schulaufgabe hingegen liegt sie außerhalb.

Der Quotient liefert ein negatives Ergebnis, wenn Christinas Note kleiner (also besser) als der Erwartungswert ist. Ist er kleiner als -1, dann ist Christinas Note sogar um mehr als eine Standardabweichung besser. Dieser Fall ist ab sofort das neue Kriterium für Christinas Belohnung.

WISSENSWERTES

Die Formel, nach der wir die Standardabweichung der Noten in Christinas Französischkurs berechnet haben, leitet sich aus der allgemeingültigen Formel

$$\sigma(X) = \sqrt{\sum_{\omega \in \Omega} (X(\omega) - \mu)^2 \cdot P(\omega)}$$

ab. Falls P gleichverteilt ist, d.h. für jedes ω die gleiche Wahrscheinlichkeit liefert, so können wir die Formel vereinfachen zu

$$\sigma(X) = \sqrt{\frac{1}{n} \cdot \sum_{\omega \in \Omega} (X(\omega) - \mu)^2}$$

wenn der Ergebnisraum Ω die Mächtigkeit n hat. Dann gilt nämlich gerade

$$P(\omega) = \frac{1}{n}.$$

Im ersten Kapitel dieses Buchs haben wir σ mit $\frac{1}{n-1}$ statt mit $\frac{1}{n}$ angegeben. $\frac{1}{n-1}$ verwenden wir immer dann, wenn wir die Standardabweichung eines uns unbekannten Ergebnisraums Ω auf Basis einer Stichprobe mit n Ergebnissen schätzen wollen, wenn wir beispielsweise aus Umfragewerten auf die Gesamtbevölkerung schließen. Wir sprechen dann von der empirischen Standardabweichung. $\frac{1}{n}$ verwenden wir, wenn wir nicht eine Auswahl, sondern die Gesamtheit auswerten, so wie hier den gesamten Französischkurs. Für umfangreiche Stichproben ist n sehr groß und der Unterschied zwischen $\frac{1}{n-1}$ und $\frac{1}{n}$ fällt ohnehin kaum noch ins Gewicht.

Stetige Zufallsvariablen

Diskrete Zufallsvariablen können nur endlich viele Werte annehmen. Viele Naturvorgänge nehmen jedoch unendlich viele Werte an, beispielsweise physikalische Größen wie Längen, Gewichte oder Geschwindigkeiten. Zwar können wir solche Größen nicht beliebig genau messen, weswegen wir sie meist nur mit wenigen Stellen nach dem Komma angeben, aber zumindest theoretisch erhalten wir **unendlich lange Dezimalbrüche**. Zufallsvariablen, die wir zur Beschreibung solcher Vorgänge festlegen, nennen wir **stetig** oder **kontinuierlich**.

Auf unserem Glücksrad bringen wir eine Schablone von 0 bis 12 an. Die volle Umdrehung, welche 12 entspricht, fällt dabei wieder auf 0. Eine solche Aufteilung eines Kreises kennen wir durch die Zifferblätter der Uhren.

Der Zeiger steht anfangs genau auf 0 und bekommt dann einen kräftigen Schubs. Mit welcher Wahrscheinlichkeit bleibt er wohl auf einem bestimmten Wert stehen, sagen wir bei genau 1,5129817...?

Wir merken schon, diese Frage ist knifflig: Wenn wir diesem speziellen Wert eine Wahrscheinlichkeit zuteilen wollen, die größer als 0 ist, so müssten wir jedem anderen beliebigen Wert zwischen 0 und 12 die gleiche Wahrscheinlichkeit zubilligen. Es gibt keinen Grund, warum ein bestimmter Wert prädestiniert sein sollte. Da es aber (überabzählbar) unendlich viele Werte zwischen 0 und 12 gibt, würde die Summe aller Wahrscheinlichkeiten ebenfalls unendlich und damit größer als 1 sein, was im krassen Widerspruch zu den Axiomen von Kolmogorow steht.

Für eine **stetige Zufallsvariable** gilt also stets

$$P(X = exakter\ Wert) = 0$$

ohne dass dies bedeutet, das betreffende Ereignis sei unmöglich. Schließlich wird der Zeiger unweigerlich auf irgendeinem Wert zum Stehen kommen.

Wenn wir bei unserem Glücksrad nach der Wahrscheinlichkeit fragen, mit der der Zeiger bei 1,5 stehen bleibt, so lassen wir ein ganzes **Intervall** von Werten zu, die wir auf 1,5 runden, nämlich alle Werte zwischen 1,45 und 1,55, und können dafür auch eine Wahrscheinlichkeit angeben:

$$P(1,45 \leq X < 1,55) = \frac{1}{10} \cdot \frac{1}{12} = \frac{1}{120} = 0,008\overline{3}$$

Das Zifferblatt unterteilt den vollen Kreis in zwölf Sektoren. Die Wahrscheinlichkeit, dass der Zeiger innerhalb eines dieser Sektoren zum Stehen kommt, ist $\frac{1}{12}$. Durch das Hinzufügen einer Nachkommastelle unterteilen wir jeden Sektor noch einmal in 10 kleinere Sektoren, für die sich nun eine Wahrscheinlichkeit von $\frac{1}{120}$ ergibt.

Wir können im stetigen Fall also nur Ereignissen, die aus Intervallen bestehen, eine Wahrscheinlichkeit zuordnen.

Wahrscheinlichkeitsverteilungen von stetigen Zufallsvariablen

Die Wahrscheinlichkeiten für beliebige Intervalle des Glücksrads lassen sich mittels eines Histogramms veranschaulichen, indem wir die Gesamtwahrscheinlichkeit durch ein Rechteck über dem Intervall [0; 12] mit der Höhe $\frac{1}{12}$ darstellen. Die Fläche des Rechtecks ergibt dann genau den Wert 1. Die Wahrscheinlichkeit eines Intervalls zweier Werte zwischen 0 und 12 ist dann durch das Flächenmaß eines entsprechend verkleinerten Rechtecks gegeben.

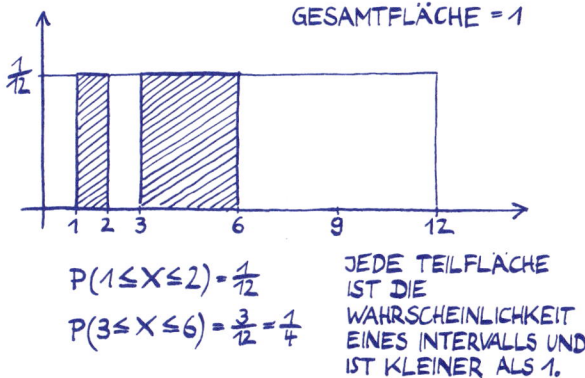

Die Wahrscheinlichkeitsfunktion heißt hier **Dichtefunktion** und lässt sich wie folgt angeben:

$$f(x) = \begin{cases} 0 & \text{FÜR } x < 0 \\ \frac{1}{12} & \text{FÜR } 0 \leq x \leq 12 \\ 0 & \text{FÜR } x > 12 \end{cases}$$

121

Nicht immer ist die Funktion ein Rechteck. Wenn der Zeiger des Glücksrads stellenweise eine starke Bremswirkung erfährt, sieht die Funktion anders aus. Aus der linearen Funktion wird eine Kurve.

Wir haben also gesehen: Der Graph der Wahrscheinlichkeitsfunktion im diskreten Fall besteht aus einzelnen Punkten in diskreten Abständen, im stetigen Fall decken diese Punkte den reellen Zahlenstrahl dicht ab und man kann ihren Verlauf oft durch eine stetige Funktion (stetig im Sinne der Analysis) annähern.

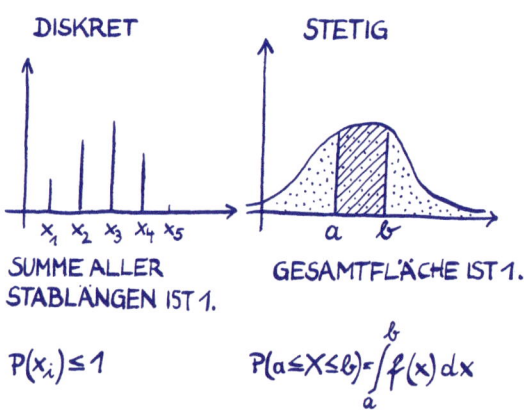

Die Verteilungsfunktion einer stetigen Zufallsvariable

Mit der Verteilungsfunktion beantworten wir Fragen nach der Wahrscheinlichkeit, mit der die Zufallsgröße X einen Wert bis zu einer vorgegebenen Schranke annimmt.

Im diskreten Fall haben wir die Wahrscheinlichkeiten aller Werte von X unterhalb dieser Schranke gerade addiert:

$$F(x) = \sum_{x_i \leq x} P(X = x_i)$$

Im stetigen Fall wird das Summen- durch das Integralzeichen ersetzt und wir interpretieren die Fläche, die der Graph der Wahrscheinlichkeitsfunktion mit der x-Achse einschließt, als Wahrscheinlichkeitsmaß:

$$F(x) = \int_{-\infty}^{x} f(t)\, dt$$

Natürlich wissen wir, dass der Zeiger unseres Glücksrads mit der Wahrscheinlichkeit von $\frac{1}{2}$ auf einem markierten Halbkreis des Rads zum Stehen kommt. Das prüfen wir einmal mit der Verteilungsfunktion nach. Unsere Werteschablone setzen wir gerade so auf das Glücksrad, dass der markierte Halbkreis den Wertebereich von 0 bis 6 abdeckt.

$$F(6) = \int_{-\infty}^{6} f(x)\, dx = \int_{0}^{6} \frac{1}{12}\, dx = \frac{1}{12} \cdot \int_{0}^{6} 1\, dx = \frac{1}{12} \cdot [x]_0^6 = \frac{1}{12} \cdot (6-0) = \frac{1}{2}$$

Im stetigen Fall nimmt die Verteilungsfunktion alle Werte zwischen 0 und 1 an und ihr Graph ist monoton steigend.

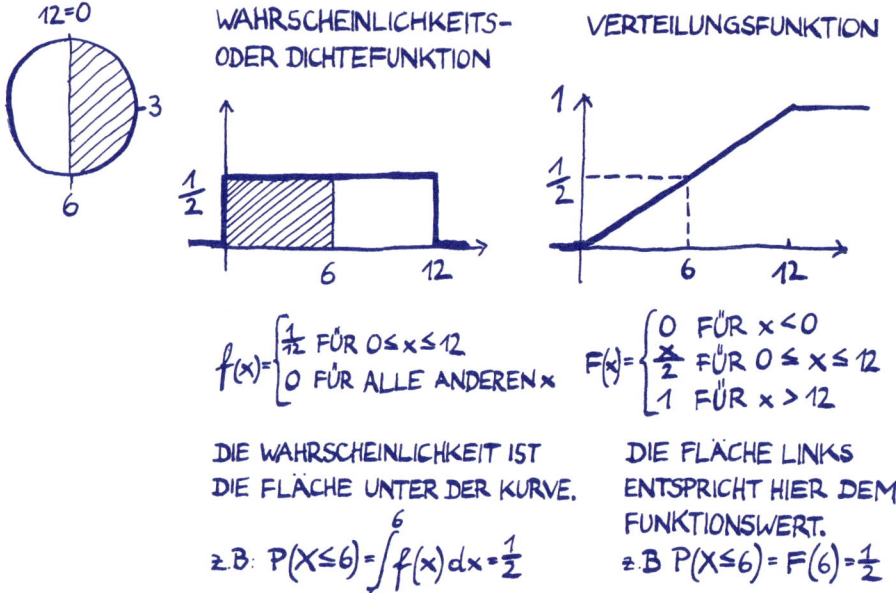

Maßzahlen von stetigen Zufallsvariablen

Erwartungswert und Standardabweichung einer diskreten Zufallsgröße sind uns als Summen gewichteter Werte bekannt. Bei stetigen Zufallsgrößen treten an die Stelle der Summen entsprechende uneigentliche Integrale über die Wahrscheinlichkeitsfunktion f.

Die **Erwartungswerte** jeweils einer diskreten und stetigen Zufallsvariable sind gegeben durch:

$$\mu(X) = \sum_{\omega \in \Omega} X(\omega) \cdot P(\omega) \quad \text{und} \quad \mu(X) = \int_{-\infty}^{\infty} x f(x) dx$$

Die **Standardabweichungen** jeweils einer diskreten und stetigen Zufallsvariable berechnen wir wie folgt:

$$\sigma(X) = \sqrt{\sum_{\omega \in \Omega} (X(\omega) - \mu)^2 \cdot P(\omega)} \quad \text{und} \quad \sigma(X) = \sqrt{\int_{-\infty}^{\infty} (x - \mu)^2 f(x) dx} \,,$$

sofern die uneigentlichen Integrale für die stetige Zufallsvariable jeweils existieren.

124

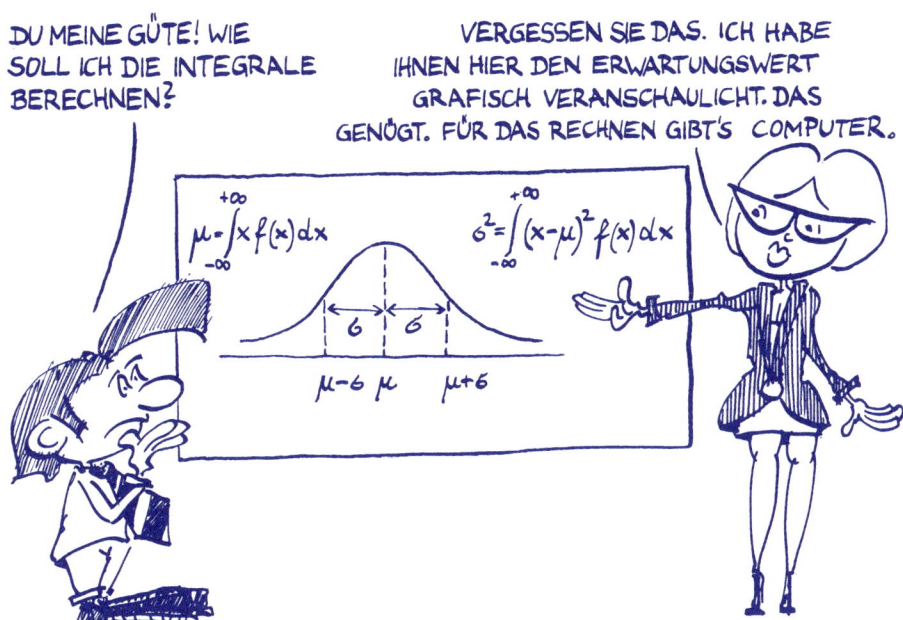

ERKENNTNISSE DIESES KAPITELS

- Die **diskrete Zufallsvariable** oder Zufallsgröße X ordnet jedem Ergebnis eines Zufallsexperiments eine reelle Zahl zu, die das Merkmal betont, das uns bei diesem Zufallsexperiment speziell interessiert, z.B. Gewinn oder Verlust. Diskrete Zufallsvariablen können nur endlich viele Werte annehmen.

- Die **Wahrscheinlichkeitsfunktion** oder Wahrscheinlichkeitsverteilung ordnet jedem Wert der (diskreten) Zufallsvariabeln seine Wahrscheinlichkeit zu.

- Die **Verteilungsfunktion** ordnet jedem Wert der (diskreten) Zufallsvariablen die Summe aller Wahrscheinlichkeiten bis zu diesem Wert zu.

- Der **Erwartungswert** oder Mittelwert ist die Summe aller mit der Wahrscheinlichkeit ihres Auftretens gewichteten Werte der (diskreten) Zufallsvariable.

- **Stetige Zufallsvariablen** können unendlich viele Werte annehmen. Die Wahrscheinlichkeit einzelner Werte einer stetigen Zufallsvariable ist deshalb null. Für stetige Zufallsvariablen wird die Wahrscheinlichkeit immer für ein Intervall berechnet.

- Die Wahrscheinlichkeitsfunktion einer stetigen Zufallsvariable heißt **Dichtefunktion**. Die Wahrscheinlichkeit eines Intervalls lässt sich als Fläche unter dieser Kurve berechnen.

- Die **Verteilungsfunktion** einer stetigen Zufallsvariable ist die Integralfunktion der Dichtefunktion.

Kapitel 6

EIN STATISTISCHES ABBILD
DER REALITÄT

STATISTISCH GESEHEN HAT
JEDER BEI UNS EIN SUPER
EINKOMMEN.

Binomial- und Normalverteilung
Ein statistisches Abbild der Realität

Wir lernten im letzten Kapitel das Modell der analytischen Statistik kennen: diskrete oder stetige Zufallsvariablen, jeweils mit ihrer Wahrscheinlichkeitsverteilung. Besonders häufig treffen wir dabei auf zwei Verteilungen, die wir nun vorstellen wollen:

- Die Binomial- oder Bernoulli-Verteilung für diskrete Zufallsvariablen
- Die Normal- oder Gaußverteilung für stetige Zufallsvariablen

Diskrete Verteilung: Binomialverteilung
Bernoulli-Experiment

Jakob Bernoulli lebte im 17. Jahrhundert. Er studierte Theologie und heimlich Mathematik. Sein Werk „Ars conjectandi" enthält Grundlagen zur Wahrscheinlichkeitsrechnung, zu den bernoullischen Zahlen und zum Gesetz der großen Zahlen.

Jakob Bernoulli beschäftigte sich intensiv mit Zufallsexperimenten, die nur zwei Ergebnisse liefern, beispielsweise Treffer oder Niete, und die sich beliebig oft wiederholen lassen, ohne sich gegenseitig zu beeinflussen. Die Wahrscheinlichkeit für einen Treffer bleibt bei jedem Einzelversuch also unverändert. Diese Experimente tragen heute seinen Namen.

Beispiele für **Bernoulli-Experimente** sind: Ein Würfel zeigt eine Sechs oder eben nicht, die Roulettekugel fällt auf eine rote Zahl oder nicht, eine Münze zeigt Wappen oder Zahl usw. Wir können also sehr viele Experimente als Bernoulli-Experimente auffassen, wenn es uns gelingt, deren Ausgänge in solche zusammenzufassen, die uns interessieren, und in solche, die uns nicht interessieren.

Bernoulli-Kette

Wird ein Bernoulli-Experiment mehrfach nacheinander ausgeführt, sprechen wir von einer Bernoulli-Kette.

Die Wahrscheinlichkeit für einen Treffer (T) beträgt 1/6 und die Wahrscheinlichkeit, eine Nichtsechs zu haben (N), ist 5/6. Somit ist auch das Ergebnis NN viel wahrscheinlicher als das Ergebnis TT. Da die Wahrscheinlichkeiten also **nicht gleich verteilt** sind, dürfen wir nicht die Formel von Laplace („günstige Fälle geteilt durch mögliche Fälle") verwenden.

Beim zweifachen Wurf mit dem Würfel gibt es insgesamt 36 Ergebnisse, wie nachfolgendes Schaubild zeigt. Dabei existieren genau fünf Ergebnisse, bei denen nur im ersten Wurf eine Sechs gefallen ist und ebenso genau fünf Ergebnisse, bei denen nur im zweiten Wurf eine Sechs gefallen ist. Die Wahrscheinlichkeit ist also 10/36, in einem der beiden Würfe genau eine Sechs zu würfeln.

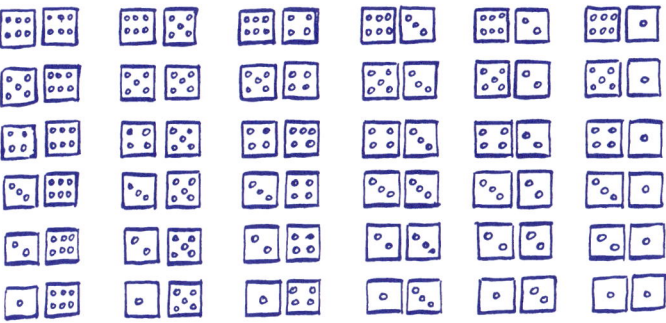

Nicht jedes Bernoulli-Experiment lässt sich durch Veranschaulichung so einfach lösen. Bernoulli entwickelte dafür eine allgemeine Formel. Wir verwenden dieses Beispiel zur Erklärung der **allgemeinen Bernoulli-Formel**.

Für eine Bernoulli-Kette der Länge n wird ein Zufallsexperiment n-*mal* nacheinander ausgeführt. Wie groß ist nun die Wahrscheinlichkeit dafür, genau k-*mal* einen Treffer zu erzielen?

Beim **zweifachen Würfelwurf** interessiert uns das Auftreten von genau einmal der Sechs. Für die Wahrscheinlichkeit, dass **im ersten Wurf eine Sechs** fällt, nicht aber im zweiten Wurf, erhalten wir nach der Formel für unabhängige Ereignisse

$$P("Sechs\ nur\ im\ ersten\ Wurf") = \frac{1}{6} \cdot \frac{5}{6} = \frac{5}{36}$$

Entsprechend ist die Wahrscheinlichkeit für eine Sechs im zweiten, nicht aber im ersten Wurf:

$$P("Sechs\ nur\ im\ zweiten\ Wurf") = \frac{5}{6} \cdot \frac{1}{6} = \frac{5}{36}$$

Die Summe dieser beiden Wahrscheinlichkeiten ist nun gerade die gesuchte Wahrscheinlichkeit:

$$P("Sechs\ in\ genau\ einem\ der\ beiden\ Würfe") = \frac{5}{36} + \frac{5}{36} = \frac{10}{36}$$

Bei diesem Experiment gibt es insgesamt zwei Möglichkeiten, genau einen Treffer zu erzielen: entweder im ersten oder im zweiten Wurf. In der Kombinatorik sagen wir dazu **„Kombination ohne Wiederholung"**, welche wir mit dem Binomialkoeffizienten „1 aus 2" berechnen:

$$\binom{2}{1} = 2$$

Der **Binomialkoeffizient** gibt also die Anzahl der möglichen Bernoulli-Ketten an.

Es gibt zwei Bernoulli-Ketten der Länge 2 mit genau einem Treffer. Die Wahrscheinlichkeit beider Bernoulli-Ketten ist gleich.

Bei Verwendung des Binomialkoeffizienten kommen wir schneller zum Ziel:

$$P\left(\begin{array}{l}\text{"SECHS IN GENAU EINEM} \\ \text{DER BEIDEN WÜRFE"}\end{array}\right) = \binom{2}{1} \cdot \frac{1}{6} \cdot \frac{5}{6} = 2 \cdot \frac{5}{36} = \frac{10}{36} = 27,8\%$$

Wenn wir die Fragestellung, genau **einmal eine Sechs** zu würfeln, auf drei Würfe übertragen, zeigt sich der Vorteil, mit Bernoulli-Ketten zu arbeiten. Hier wäre die Zeichnung mit allen Würfelkombinationen ganz schön aufwändig.

Die Wahrscheinlichkeit, bei drei Würfen genau einmal einen Treffer (nämlich eine Sechs) zu erzielen, lässt sich aus dem Produkt der Wahrscheinlichkeiten für einen Treffer und zwei Nieten, multipliziert mit der Anzahl der Kombinationen, einen Treffer auf drei Positionen zu verteilen, berechnen:

$$P\left(\begin{array}{l}\text{"GENAU EINE SECHS} \\ \text{BEI DREI WÜRFEN"}\end{array}\right) = \binom{3}{1} \cdot \left(\frac{1}{6}\right)^1 \cdot \left(\frac{5}{6}\right)^{3-1} = 3 \cdot \frac{1}{6} \cdot \frac{25}{36} = \frac{75}{216} = 34,7\%$$

Diese Überlegung führt uns zur **Bernoulli-Formel**, mit der wir ganz allgemein die Wahrscheinlichkeit dafür berechnen, bei der n-maligen Durchführung eines Experiments k Treffer zu erhalten:

$$P\left(\begin{array}{l}\text{"} k \text{ TREFFER UND} \\ n-k \text{ NICHTTREFFER"}\end{array}\right) = \binom{n}{k} \cdot p^k \cdot (1-p)^{n-k}$$

Dabei ist p die Wahrscheinlichkeit, einen Treffer in einem Experiment zu erzielen. $1-p$ gibt die Wahrscheinlichkeit für die Niete an, dem Gegenereignis des Treffers.

Mit diesem Handwerkszeug können wir jetzt ein Beispiel für die Binomialverteilung lösen.

Binomialverteilung

Die Fluggesellschaft Airdreamer nimmt die Dienste von Statistica und Bernie in Anspruch. Sie hat festgestellt, dass bei Flugverbindungen, die überwiegend von Geschäftsleuten in Anspruch genommen werden, durchschnittlich nur rund 88% der gebuchten Passagiere auch tatsächlich ihren Flug antreten. Da die Fluggesellschaft mit jedem leeren Platz Geld verliert, möchte sie solche Routen künftig überbuchen, d.h., sie möchte mehr Tickets verkaufen, als Sitzplätze zur Verfügung stehen. Solange nicht alle Passagiere erscheinen, kann dieses Kalkül aufgehen. Passagiere, die wegen einer Überbuchung jedoch nicht mitfliegen können, verursachen Umbuchungskosten oder Kosten für die Unterbringung in Hotels, von einem möglichen Imageschaden ganz zu schweigen.

Airdreamer möchte nun wissen, wie hoch das Risiko ist, einen Fluggast nicht mitnehmen zu können, wenn 10% der Sitzplätze doppelt verkauft werden.

Wir können das Erscheinen des einzelnen Passagiers als ein **Bernoulli-Experiment** auffassen: Jeder Passagier tritt die Flugreise mit einer Wahrscheinlichkeit von 88% an oder, umgekehrt, er wird sie mit einer Wahrscheinlichkeit von 12% nicht antreten.

Wir erinnern uns, ein Bernoulli-Experiment zeichnet sich dadurch aus, dass es nur zwei Ergebnisse kennt: **Ein Passagier erscheint oder er erscheint nicht.** Das führt zu zwei Ereignissen für Treffer und Niete – T: „Passagier erscheint" und N: „Passagier erscheint nicht". Der Ergebnisraum für das Erscheinen eines einzelnen Passagiers ist also:

$$\Omega = \{T, N\}.$$

Damit ist das eine Ereignis genau das Gegenereignis des anderen:

$$P(N) = 1 - P(T).$$

T: PASSAGIER ERSCHEINT $\quad$ P(T) = 0,88

N: PASSAGIER ERSCHEINT NICHT $\quad$ P(N) = 1 - P(T) = 0,12

$P(T)$ bezeichnet man als Trefferwahrscheinlichkeit eines Bernoulli-Experiments.

Wir wissen bereits: Wenn wir ein Bernoulli-Experiment mehrfach hintereinander ausführen, sprechen wir von einer **Bernoulli-Kette.** Dabei müssen wir lediglich voraussetzen, dass ein Experiment keinen Einfluss auf den Ausgang des nächsten Experiments hat.

Übertragen auf die Passagiere von Airdreamer heißt dies, dass das Erscheinen oder Fernbleiben eines Passagiers keinen Einfluss auf das Verhalten eines anderen Passagiers haben darf. Zugegeben, in der Praxis wird das nicht immer der Fall sein: Eine ganze Familie tritt z.B. die Reise nicht an, wenn ein Familienmitglied erkrankt. Da die Fluggesellschaft in ihren Planungen solche Zusammenhänge nicht berücksichtigen kann, darf sie hier voraussetzen, dass jeder Passagier seinen Flug unabhängig von anderen Passagieren antritt oder nicht antritt.

Schauen wir uns den Ergebnisraum einer Bernoulli-Kette der Länge 3 am Beispiel eines ganz kleinen Flugzeugs an – eines das gerade einmal drei Passagiere fasst:

$$\Omega = \left\{ TTT, TTN, TNT, NTT, TNN, NTN, NNT, NNN \right\}$$

 WISSENSWERTES

Diesen Ergebnisraum für drei Passagiere können wir auch kürzer schreiben:

$\Omega = \{T, N\}^3$.

Damit besteht der Ergebnisraum aus allen Zeichenketten der Länge 3, die nur aus den Buchstaben T und N zusammengesetzt sind.

Die einzelnen Ergebnisse dieses Ergebnisraums treten mit sehr unterschiedlicher Wahrscheinlichkeit auf. Da das Ereignis T viel wahrscheinlicher ist als das Ereignis N, ist das Erscheinen aller drei Passagiere, TTT, intuitiv viel wahrscheinlicher als das gleichzeitige Fehlen aller Passagiere, NNN.

Da wir angenommen haben, dass sich die Passagiere nicht gegenseitig beeinflussen, dürfen wir unsere Multiplikationsformel für unabhängige Ereignisse aus Kapitel 3 verwenden und erhalten für die **Bernoulli-Kette** TTT die Wahrscheinlichkeit

$$P(TTT) = P(T) \cdot P(T) \cdot P(T)$$
$$= 0,88 \cdot 0,88 \cdot 0,88 = 0,88^3 = 0,681 = 68,1\%$$

Analog berechnen wir für die Bernoulli-Kette NNN die Wahrscheinlichkeit

$$P(NNN) = 0,12^3 = 0,0017 = 0,17\%$$

Die **Wahrscheinlichkeit**, dass alle **drei Passagiere** den Flug antreten, beträgt also rund 68%, wenn der einzelne mit einer Verlässlichkeit von 88% seinen Flug antritt. Die Wahrscheinlichkeit, dass keiner seinen Flug antritt, beträgt vernachlässigbare 0,17%.

Wir ahnen bereits, was das für eine große Passagiermaschine mit 200 Sitzplätzen bedeutet. Das Erscheinen aller 200 Fluggäste dürfte sehr unwahrscheinlich geworden sein und tatsächlich ist

$$P(\{T\}^{200}) = 0,88^{200} = 7,88 \cdot 10^{-12} \approx 0,0\%$$

Wenn wir diese Rechnung für alle möglichen Passagierzahlen von 0 bis 200 durchführen und die Wahrscheinlichkeiten in einem **Histogramm** darstellen, erhalten wir folgende Wahrscheinlichkeitsverteilung. Jede Säule des Histogramms ist ein Maß für die Wahrscheinlichkeit, mit der exakt die jeweilige Passagierzahl ihren Flug antritt.

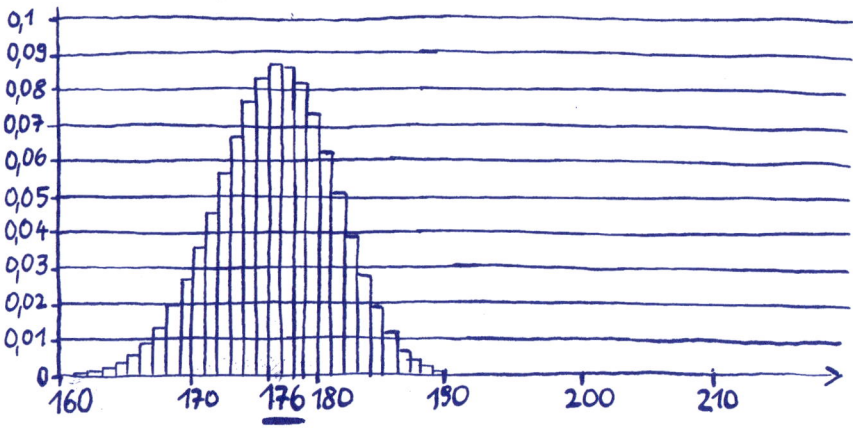

Die Wahrscheinlichkeit für eine bestimmte Passagierzahl unter 160 oder über 190 ist so gering, dass wir sie zeichnerisch nicht mehr darstellen können. Am wahrscheinlichsten ist es offenbar, dass genau 176 Passagiere erscheinen, wenn die Fluggesellschaft 200 Tickets verkauft.

Auf den ersten Blick ist die Fluggesellschaft also wirklich gut beraten, ihre Sitzplätze zu überbuchen. Wenn sie das Flugzeug mit 200 Sitzplätzen zu 10% überbucht, verkauft sie insgesamt 220 Tickets. ***Mit welcher Wahrscheinlichkeit erscheinen nun mehr als 200 Passagiere?***

Kehren wir zunächst noch einmal zu dem kleinen Flugzeug zurück, das nur drei Passagiere fasst. Mit welcher Wahrscheinlichkeit treten nur zwei der drei Passagiere ihre Reise an?

Betrachten wir den Fall, dass der **dritte Passagier** nicht erscheint:

$$P(TTN) = P(T) \cdot P(T) \cdot P(N) = 0{,}88 \cdot 0{,}88 \cdot 0{,}12 = 0{,}093 = 9{,}3\%$$

Nur der erste und der zweite Passagier erscheinen also mit einer Wahrscheinlichkeit von 9,3%.

Es ist sofort ersichtlich, dass wir das gleiche Ergebnis für das Fehlen von genau dem **zweiten** oder genau dem **ersten Passagier** erhalten:

$$P(TNT) = P(T) \cdot P(N) \cdot P(T) = 0{,}88 \cdot 0{,}12 \cdot 0{,}88 = 0{,}093 = 9{,}3\%$$
$$P(NTT) = P(N) \cdot P(T) \cdot P(T) = 0{,}12 \cdot 0{,}88 \cdot 0{,}88 = 0{,}093 = 9{,}3\%$$

Die Wahrscheinlichkeit, dass genau zwei der drei Passagiere erscheinen, berechnen wir also zu

$$P(TTN \cup TNT \cup NTT) = P(TTN) + P(TNT) + P(NTT) = 3 \cdot 9{,}3\% = 27\%$$

was sich mittels der **Bernoulli-Formel** viel schneller berechnen lässt:

$$P(\text{"2 Treffer und 1 Nichttreffer"}) = \binom{3}{2} \cdot P(T)^2 \cdot P(N)$$

Wenn zwei der drei Passagiere des kleinen Jets erscheinen, so sind zwei der drei Positionen unseres Ergebnisses der Bernoulli-Kette der Länge 3 mit einem T besetzt. Wir wissen bereits, dass es

$$\binom{3}{2} = 3$$

Möglichkeiten gibt, zwei von drei Plätzen mit einem T zu besetzen.

Und wie lässt sich dieses Ergebnis nun auf den großen Passagierjet mit 200 Plätzen übertragen?

Rufen wir uns dazu die **Bernoulli-Formel** noch einmal in der allgemeinen Form ins Gedächtnis:

$$P(\text{"}k\ Treffer\ und\ n-k\ Nichttreffer\text{"}) = \binom{n}{k} \cdot p^k \cdot (1-p)^{n-k}$$

ist die Wahrscheinlichkeit, in einer Bernoulli-Kette der Länge n genau k Treffer mit der Trefferwahrscheinlichkeit $p=P(T)$ zu erzielen.

Statt $P(\text{"}k\ Treffer\ und\ n-k\ Nichttreffer\text{"})$ schreiben wir künftig abkürzend

$$B(n; p; k),$$

wenn wir die Bernoulli-Formel meinen.

$$B(n; p; k)$$

BEDEUTUNG FÜR UNSER FLUGZEUGBEISPIEL	ANZAHL DER VERKAUFTEN TICKETS	WAHRSCHEINLICHKEIT DES ERSCHEINENS EINES PASSAGIERS.	ANZAHL DER PASSAGIERE, DIE TATSÄCHLICH ERSCHEINEN.
ALLGEMEINE FORMULIERUNG	LÄNGE DER BERNOULLI-KETTE	TREFFER-WAHRSCHEINLICHKEIT	ANZAHL DER TREFFER

Damit können wir uns nun an den großen Passagierjet wagen. Wir definieren schnell noch eine **passende Zufallsvariable**:

X sei die Anzahl der Passagiere, die ihren Flug antreten.

Die Wahrscheinlichkeit, dass genau (irgendwelche) 201 Passagiere erscheinen, wenn 220 Tickets verkauft wurden, beträgt

$$P(X = 201) = B(220; 0,88; 201) = \binom{220}{201} \cdot 0,88^{201} \cdot 0,12^{19} = 2,6\%$$

Das erscheint sehr wenig und fast könnte die Fluggesellschaft aufatmen, gäbe es da nicht noch die Möglichkeiten, dass genau 202 Passagiere oder genau 203 Passagiere usw. bis genau 220 Passagiere erscheinen.

Wir blenden die neue Situation in das obige Histogramm ein und erhalten die beiden Wahrscheinlichkeitsverteilungen B(200; 0,88) und B(220; 0,88) zur binomialverteilten Zufallsvariable X:

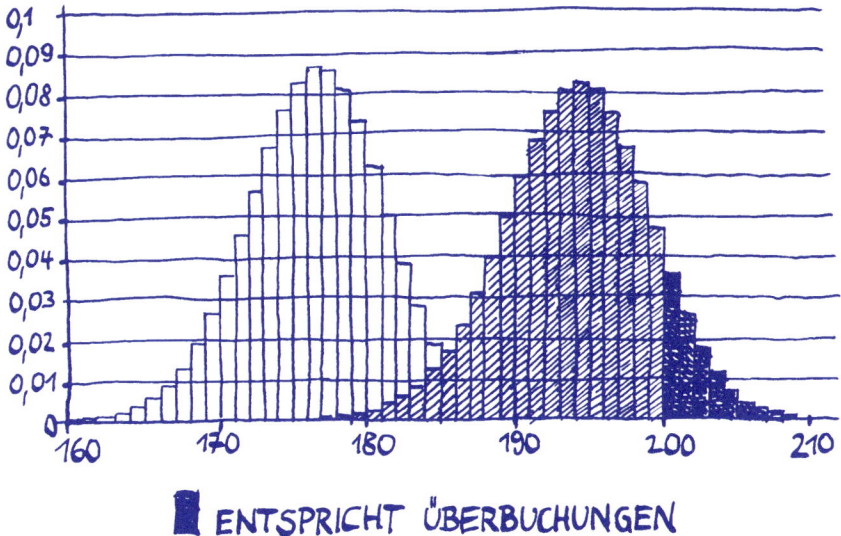

ENTSPRICHT ÜBERBUCHUNGEN

Wir beschränken uns dabei auf die Passagierzahlen 160 bis 220. Für alle anderen Passagierzahlen erhalten wir ohnehin Wahrscheinlichkeiten, die sich zeichnerisch nicht mehr von 0 unterscheiden lassen.

Dem Histogramm lässt sich bequem entnehmen: Am wahrscheinlichsten ist es, dass genau 194 Passagiere erscheinen.

Um nun das Risiko der Fluggesellschaft zu berechnen, dass mehr als 200 Passagiere ihren Flug antreten, also $P(X > 200)$, summieren wir gerade die Flächenmaße der Säulen ab den Passagierzahlen 201:

$$P(X \geq 201) = \sum_{k=201}^{220} B(220; 0,88; k) = 0,072 = 7,2\%$$

Das Risiko der Fluggesellschaft, dass nicht alle erschienenen Passagiere befördert werden können, beträgt also 7,2%.

Das Ausrechnen einzelner Werte $B(n; p; k)$ der **Binomialverteilung** oder gar der kumulativen Binomialverteilung

$$\sum_{k=0}^{K} B(n; p; k)$$

ist per Hand sehr mühsam. Glücklicherweise gibt es dafür Tafelwerke, in denen man die Ergebnisse nachschauen kann, oder – noch besser – Computer, die diese Aufgabe erledigen.

WISSENSWERTES

Die Tafelwerke der Stochastik sind so aufgebaut, dass man ihnen immer nur die Werte der kumulierten Binomialverteilung bis zu einem bestimmten Wert K entnehmen kann: $P(X \leq K)$.

Zur Berechnung von $P(X \geq 201)$ mussten wir uns vorhin also eines kleinen Tricks bedienen. Da wir ja wissen, dass die Summe über alle $B(n; p; k)$ immer 1 sein muss, konnten wir rechnen:

$$P(X \geq 201) = 1 - P(X \leq 200)$$

Erwartungswert und Standardabweichung einer binomialverteilten Zufallsvariable X sind sehr einfach zu berechnen:

$$\mu(X) = n \cdot p \quad \text{UND} \quad \sigma(X) = \sqrt{n \cdot p \cdot (1-p)}$$

Dabei sind n die Länge der Stichprobe und p die Trefferwahrscheinlichkeit.

Der Aussage des Erwartungswerts sind wir bereits begegnet. Die wahrscheinlichste Passagierzahl bei 200 bzw. 220 verkauften Tickets war gerade der Erwartungswert:

$$\mu(X = 200) = 200 \cdot 0{,}88 = 176 \text{ und } \mu(X = 220) = 220 \cdot 0{,}88 = 194 .$$

BEACHTE!

Der gerundete Erwartungswert liefert nicht notwendigerweise die wahrscheinlichste Trefferzahl k einer Bernoulli-Kette. Die wahrscheinlichste Trefferzahl k ist immer der ganzzahlige Anteil des Produkts $(n + 1) \cdot p$, welcher auch um 1 höher sein kann als der gerundete Erwartungswert. Ist das Produkt ganzzahlig, so gibt es sogar noch eine zweite Trefferzahl, die mit der gleichen maximalen Wahrscheinlichkeit eintritt: $k - 1$.

Nicht immer ist die Binomialverteilung auch praktisch

Die Binomialverteilung ist wunderbar zu handhaben, solange die Stichprobenlänge n nicht zu groß und die Trefferwahrscheinlichkeit p nicht zu klein ist. Die Summe vieler Werte

$$B(n; p; k) = \binom{n}{k} \cdot p^k (1 - p)^{n-k}$$

zur Berechnung einzelner Werte der Verteilungsfunktion $P(X \le k)$ ist mühsam und kann zu numerisch ungenauen Werten führen. So ist beispielsweise

$$\binom{50}{25}$$

für den noch kleinen Wert $n = 50$ schon eine recht ansehnliche Zahl, nämlich 126.410.606.437.752, welche andererseits mit einer sehr kleinen Zahl

$$0{,}01^{25} \cdot 0{,}99^{28} = 7{,}78 \cdot 10^{-51}$$

multipliziert wird.

Deshalb wird in der Praxis sehr oft eine andere Verteilung anstelle der Binomialverteilung verwendet – die **Normalverteilung**, obwohl diese für stetige Zufallsgrößen entwickelt wurde.

Stetige Verteilung: Normalverteilung
Die Gauß'sche Glockenkurve

Einer der bedeutendsten Mathematiker, die Deutschland jemals hervorgebracht hat, ist **Carl Friedrich Gauß** (1777–1855). Bereits im jungen Alter von 24 Jahren veröffentlichte er die „Disquisitiones arithmeticae", ein großartiges Werk, mit dem er die moderne Zahlentheorie begründete. Seinen Lebensunterhalt verdiente Gauß mit der exakten Vermessung des Königreichs Hannover, woran er über 25 Jahre arbeitete.

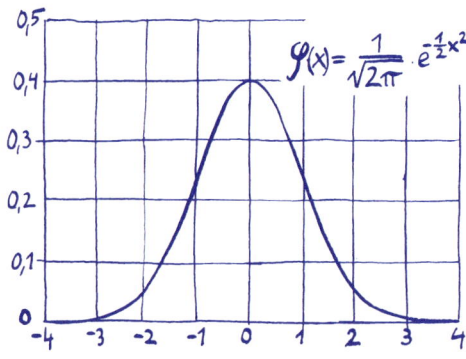

Nach ihm wurde die **Gauß'sche Glockenkurve** benannt, die er während seiner Berechnungen zu Flächeninhalten unter Kurven entwickelte. Wir schauen sie uns nun genauer an.

$$\varphi(x) = \frac{1}{\sqrt{2\pi}} \cdot e^{-\frac{1}{2}x^2}$$

Wenn wir den Verlauf dieser Kurve mit der Erhebung der Säulen aus dem Histogramm für die Passagierzahlen vergleichen, so erkennen wir eine große Ähnlichkeit.

Tatsächlich dürfen wir das Schaubild von φ („klein phi") als „Grenzwert des Histogramms" einer Binomialverteilung mit einer unendlich feinen Klasseneinteilung ansehen.

Die Gauß'sche Glockenkurve ist das grundsätzliche Schaubild von **normalverteilten Zufallsvariablen**. Die Normalverteilung ist die wichtigste Verteilungsform der Statistik, da eine solche Form der Verteilung in der **Natur vieler Merkmale** liegt.

Werden zufällig Stichproben der **Körpergröße** von Erwachsenen aus einer Population gezogen, so folgen diese einer Normalverteilung. Die zentrale Aussage einer solchen Verteilung ist, dass eine überwältigende Mehrheit der Beobachtungen innerhalb eines relativ kleinen Bereichs liegt und Werte weit vom Mittelwert praktisch unmöglich sind. So messen wir bei Erwachsenen praktisch keine Körpergröße von mehr als 250 cm oder weniger als 100 cm. Der **Intelligenzquotient** ist ein weiteres Beispiel für Werte, welche der Normalverteilung folgen.

Die **Gaußfunktion** φ ist zunächst einmal eine geradezu ideale **Dichtefunktion** einer normalverteilten Zufallsvariable X mit dem Erwartungswert $\mu(X) = 0$ und der Standardabweichung $\sigma(X) = 1$. (Zur Erinnerung: Bei stetigen Zufallsvariablen heißt die Wahrscheinlichkeitsverteilung Dichtefunktion). Ihr Graph, die Glockenkurve, ist zudem achsensymmetrisch zur y-Achse und die Fläche, die sie mit der x-Achse einschließt, beträgt genau 1.

Wie wir im letzten Kapitel erfahren haben, lässt sich die **Verteilungsfunktion** als Integral der Dichtefunktion angeben. Die zur Gaußfunktion zugehörige Verteilungsfunktion ist die **Gauß'sche Integralfunktion** Φ (*groß „phi"*). Sie liefert die Fläche, die die Gaußfunktion mit der x-Achse bis zu einer vorgegebenen Begrenzung einschließt.

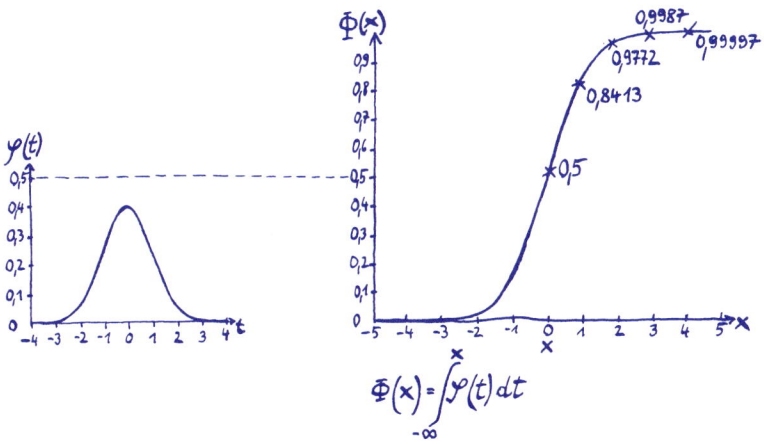

Die Gauß'sche Integralfunktion lässt sich nicht mehr elementar auswerten. Die numerischen Werte des Integrals können wir aber einem Tafelwerk entnehmen oder mithilfe eines Computerprogramms berechnen.

Normalverteilte Zufallsvariablen in einem praktischen Beispiel

In einer Getränkefirma werden Ein-Liter-Flaschen vollautomatisch mit Limonade befüllt. Dabei wird in Kauf genommen, dass die Sollmarke von 1000 ml geringfügig über- oder unterschritten wird. Zwar wird sich der Verbraucher bei einer Überfüllung der Flasche nicht beschweren, dennoch sehen die Richtlinien der Firma vor, dass der tatsächliche Füllstand der Flasche um höchstens 5 ml von dem Sollwert von 1000 ml abweichen darf. Das entspricht immerhin der Füllmenge eines Teelöffels.

Der eingesetzte Füllautomat arbeitet laut Hersteller mit einer Standardabweichung von 2,5 ml und verhält sich „normalverteilt". Statistica beauftragt Bernie mit der Berechnung, wie viel Prozent der Flaschen nicht mit der zulässigen Menge von mindestens 995 ml bis maximal 1005 ml abgefüllt sind.

Mit den zur Verfügung stehenden Messmethoden und der Anforderung, dass das Messen sehr schnell gehen muss, kann eine Messung stets nur mit begrenzter Genauigkeit erfolgen.

Bei **stetigen Variablen** fragen wir, wie im letzten Kapitel gesehen, nach der Wahrscheinlichkeit dafür, dass sich ein Wert in einem **vorgegebenen Intervall** befindet. Wir fragen hier, mit welcher Wahrscheinlichkeit der Füllstand einer Flasche zwischen 995 ml und 1005 ml gemessen wird.

Bernie geht zunächst einmal ganz pragmatisch vor. Er will in ein Koordinatensystem einen Graphen einzeichnen, der die Wahrscheinlichkeitsverteilung seiner Zufallsvariable X zeigt. X ordnet jeder Flasche ihren Füllstand in ml zu.

Er misst die Füllmenge einer ganzen Reihe von Flaschen auf jeweils einen ml genau und zählt die Anzahl der Flaschen mit 1000 ml, mit 999 ml, mit 998 ml usw. Ebenso zählt er, wie oft die Maschine die Flaschen überfüllt hat, wie oft er also 1001 ml, 1002 ml usw. gemessen hat.

Er trägt die Daten in ein Diagramm ein und erhält den ungefähren Verlauf der gesuchten Wahrscheinlichkeitsverteilung, der wir den Arbeitstitel **Flaschenkurve** geben wollen:

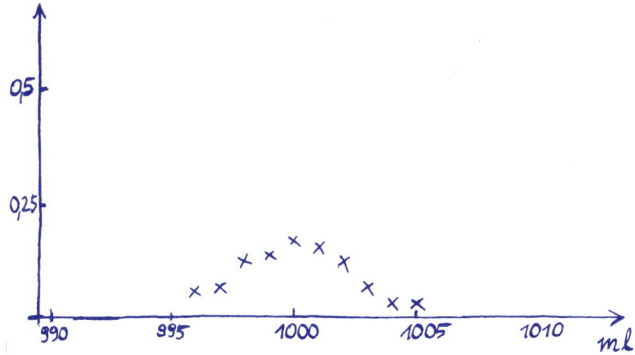

Bei stetigen Zufallsvariablen dürfen wir die Punkte verbinden. Immerhin könnten wir, zumindest theoretisch, die Messwerte immer feiner unterteilen und dadurch ein sehr dichtes Punktenetz bekommen. Die uns unbekannte Funktion, auf der alle Punkte der Flaschenkurve liegen, nennen wir daher auch **Dichtefunktion**.

Die Flaschenkurve erinnert an die **Gauß'sche Glockenkurve**.

145

Zwar stellen wir bei näherem Hinsehen einige Unterschiede zwischen der Glockenkurve und der Flaschenkurve fest. So hat die Glockenkurve ihr Maximum an der Stelle $x = 0$, die Flaschenkurve hingegen bei $x = 1000$ (ml). Außerdem verläuft die Glockenkurve etwas steiler als die Flaschenkurve. Dennoch wollen wir die Glockenkurve als Ausgangsbasis nehmen, um die Funktionsgleichung der **Dichtefunktion** f für die Flaschenkurve zu **modellieren**. Der Aufwand wird belohnt, denn über die Gaußfunktion wissen wir sehr viel. Dieses Wissen lässt sich auf die Flaschenkurve übertragen!

Dazu kramen wir ein bisschen in unserer Trickkiste und erinnern uns daran, wie wir in der Mittelstufe der Schule Parabeln verschoben und gestaucht haben. Die gleichen Verfahren wenden wir nun auf die Glockenkurve an, um sie möglichst gut an unsere Flaschenkurve anzupassen.

Und los geht's!

Als Erstes schieben wir die Glockenkurve nach rechts, so dass ihr Maximum oberhalb des Maximums der Flaschenkurve zu liegen kommt. Dieses befindet sich genau bei 1.000 ml, unserem Erwartungswert μ des Flascheninhalts.

Die **Verschiebung** um μ Einheiten **nach rechts** führt zum Funktionsterm

$$\varphi(x - \mu)$$

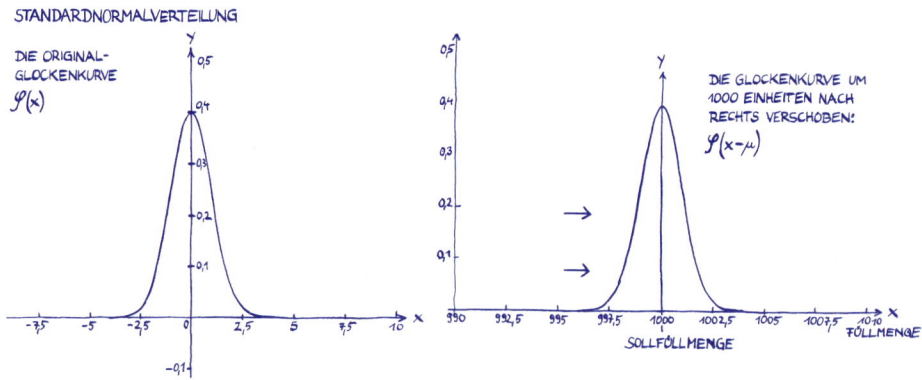

Weil das Maximum von φ einen y-Wert von rund 0,4 hat, unsere Flaschenkurve aber nur ein Maximum von etwa 0,16, müssen wir das Maximum von φ noch ein bisschen „tiefer legen". Außerdem ist die Flaschenkurve etwas weiter in x-Richtung „gestreckt" als φ. Daher müssen wir φ in ihrer „Taille" noch etwas verbreitern.

Aber Vorsicht! Wir dürfen dabei die Fläche nicht verändern, die φ mit der x-Achse einschließt. Diese muss nach wie vor 1 bleiben. Zwar bedeutet das Absenken des Maximums einen Verlust an Fläche, das Strecken in x-Richtung sorgt aber wieder für den entsprechenden Zugewinn.

Die nachfolgenden Bilder zeigen zuerst die **Streckung in x-Richtung** um den Faktor $\frac{1}{\sigma}$, wodurch wir den Funktionsterm

$$\varphi\left(\frac{x-\mu}{\sigma}\right)$$

erhalten, und anschließend die **Stauchung in y-Richtung** um den Faktor $\frac{1}{\sigma}$, was uns zum gesuchten Funktionsterm unserer Flaschenkurve f führt:

$$f(x) = \frac{1}{\sigma} \cdot \varphi\left(\frac{x-\mu}{\sigma}\right)$$

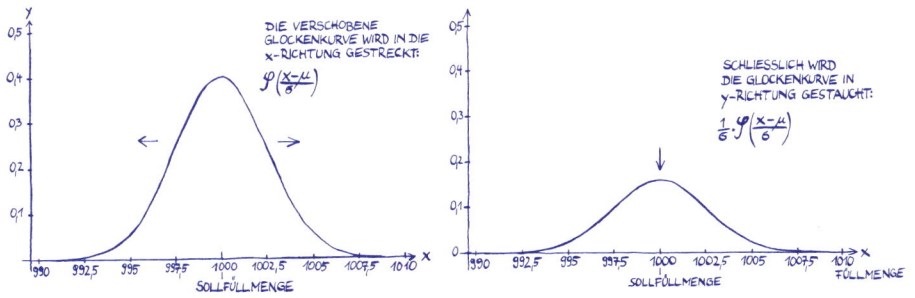

Interessant ist, dass wir sowohl das Argument als auch den Funktionswert von φ gerade durch die Standardabweichung σ der Füllmaschine dividieren müssen, um die Gaußkurve an die Flaschenkurve anzunähern. Wohlgemerkt, dies funktioniert nur bei annähernd **normalverteilten Zufallsgrößen**.

WISSENSWERTES

Die drei gemachten Schritte fasst man als lineare Transformation der Standardnormalverteilung zusammen und erhält eine neue Normalverteilung, die allein durch μ und σ festgelegt ist: .

$$\varphi_{\mu,\sigma^2}(x) = \frac{1}{\sigma}\varphi\left(\frac{x-\mu}{\sigma}\right).$$

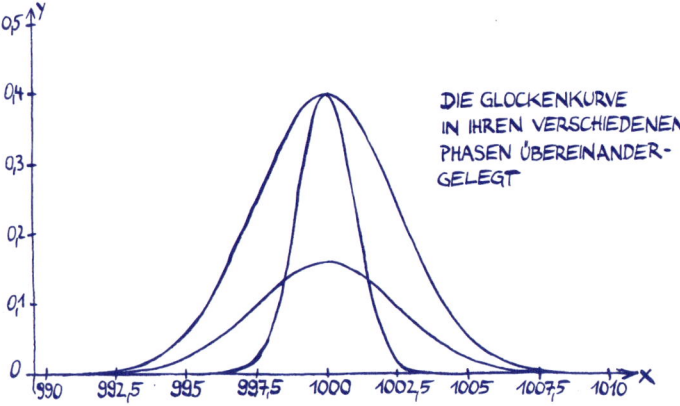

DIE GLOCKENKURVE IN IHREN VERSCHIEDENEN PHASEN ÜBEREINANDER-GELEGT

Wir legen die so erhaltene Kurve über die Punkte aus Bernies Diagramm und stellen eine erstaunlich gute Annäherung fest.

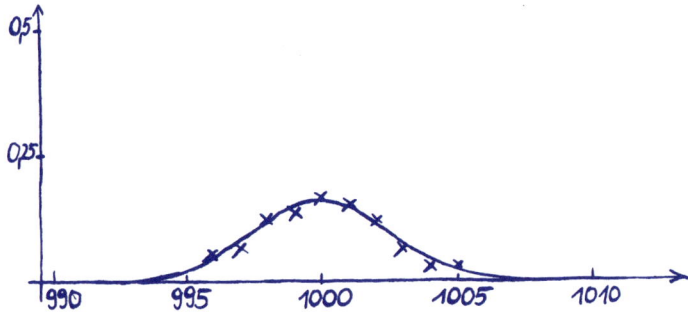

Die zu f gehörige **Verteilungsfunktion** können wir ebenfalls als Transformation der Gauß'schen Verteilungsfunktion Φ herleiten:

$$F(x) = \Phi\left(\frac{x-\mu}{\sigma}\right)$$

Über die Verteilungsfunktion erhalten wir die Wahrscheinlichkeit dafür, dass eine Flasche einen bestimmten Füllstand nicht übersteigt. So liefert $F(1000)$ die Wahrscheinlichkeit dafür, dass in einer Flasche höchstens 1000 ml enthalten sind:

$$P(X \leq 1000) = F(1000)$$

Dank der oben vorgeführten **Transformation der Gauß'schen Glockenkurve** lassen sich nun die Funktionswerte von F mittels der Funktionswerte von Φ berechnen, welche sich auf die Gauß'sche Kurve beziehen, die bekanntlich im Bereich des Koordinatenursprungs ihre Glockenform hat. So entspricht $F(1000)$ bei einem Erwartungswert von $\mu = 1000$ dem Funktionswert von Φ an der Stelle 0:

$$F(1000) = \Phi\left(\frac{1000-1000}{\sigma}\right) = \Phi(0)$$

Damit sind wir nun gerüstet für die **Berechnung der Wahrscheinlichkeit**, mit der eine Flasche einen Füllstand zwischen 995 ml und 1005 ml hat:

$$P(995 \leq X \leq 1005) = P(X \leq 1005) - P(X \leq 995)$$
$$= F(1005) - F(995)$$
$$= \Phi\left(\frac{1005-\mu}{\sigma}\right) - \Phi\left(\frac{995-\mu}{\sigma}\right)$$

149

Mit dem Erwartungswert $\mu = 1000$ und der Standardabweichung $\sigma = 2{,}5$ erhalten wir:

$$\Phi\left(\frac{1005-\mu}{\sigma}\right) - \Phi\left(\frac{995-\mu}{\sigma}\right) = \Phi\left(\frac{5}{2{,}5}\right) - \Phi\left(\frac{-5}{2{,}5}\right)$$
$$= \Phi(2) - \Phi(-2)$$

Wir erinnern uns, dass die Glockenkurve achsensymmetrisch ist und die Gesamtfläche zwischen Kurve und x-Achse 1 beträgt. Daher gilt:

$$\Phi(-2) = 1 - \Phi(2)$$

Die Fläche unter der Glockenkurve bis $x = -2$ ist also genauso groß wie die Fläche ab $x = +2$.

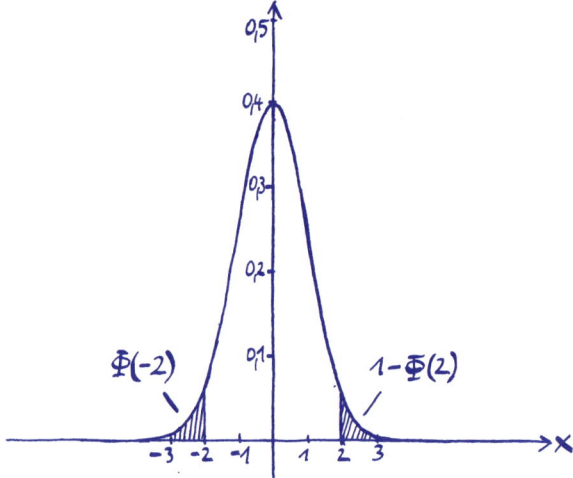

Wir setzen jetzt $1 - \Phi(2)$ für $\Phi(-2)$ ein und erhalten

$$\Phi(2) - \Phi(-2) = \Phi(2) - \left(1 - \Phi(2)\right)$$
$$= 2 \cdot \Phi(2) - 1$$

Die **Funktionswerte der Standardnormalverteilung** Φ entnehmen wir entweder aus einer Tabelle oder wir berechnen sie mit unserem Computer. Wir haben uns für die Tabelle entschieden und lesen den Wert von Φ an der Stelle $x = 2$ ab:

$$\Phi(2) = 0{,}9772$$

Damit erhalten wir

$$P(995 \leq X \leq 1005) = 2 \cdot 0,9772 - 1 = 0,9544 = 95,44\%$$

Dementsprechend sind rund 4,5% der Flaschen nicht vorschriftsmäßig befüllt.

Mit den Vorgaben für diese Aufgabe haben wir übrigens den Streuungsbereich $[\mu - 2\sigma;\ \mu + 2\sigma]$betrachtet. Wir konnten also errechnen, welcher Anteil aller Werte einer normalverteilten Zufallsgröße gerade höchstens das **Zweifache** der Standardabweichung vom Erwartungswert entfernt ist, nämlich rund 95,5%.

Immerhin sind noch rund Zweidrittel aller Werte höchstens um die einfache Standardabweichung vom Erwartungswert entfernt („normaler Streuungsbereich"), während bereits mehr als 99,7% aller Werte durch die dreifache Standardabweichung vom Erwartungswert abgedeckt sind.

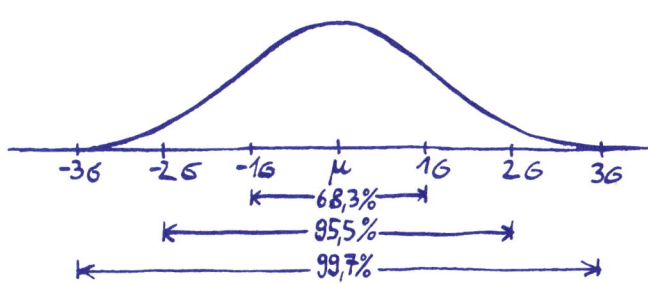

Folgende Prozentsätze gelten für jede Normalverteilung

$$P(\mu - \sigma \leq X \leq \mu + \sigma) \approx 68,3\%$$
$$P(\mu - 2\sigma \leq X \leq \mu + 2\sigma) \approx 95,5\%$$
$$P(\mu - 3\sigma \leq X \leq \mu + 3\sigma) \approx 99,7\%$$

Man sieht, es ist fast unmöglich, einen Wert zu erhalten, der sich vom Erwartungswert um mehr als drei Standardabweichungen unterscheidet.

Grundsätzlich stellt sich bei allen Messreihen die **Frage**, ob die erhaltenen Messwerte als Werte einer **normalverteilten Zufallsgröße** angesehen werden können. Ein grobes Indiz dafür liefert die Verteilung der Messwerte, die man als Graph darstellen kann. Früher verwendete man dazu ein spezielles Wahrscheinlichkeitspapier. Darauf war ein Koordinatensystem mit einer verzerrten y-Achse aufgedruckt, in das man die Messergebnisse eintrug. Je besser die Messwerte in etwa auf einer Geraden lagen, desto mehr war die Annahme einer Normalverteilung gerechtfertigt. Ein anderes, quantitatives Verfahren stellt der passende Chi-Quadrat-Test (χ^2-Test) dar, den wir im nächsten Kapitel vorstellen.

ERKENNTNISSE
DIESES KAPITELS

- **Bernoulli-Experimente** sind Zufallsexperimente, die nur zwei Ergebnisse liefern, beispielsweise Treffer oder Niete, und die sich beliebig oft wiederholen lassen, ohne sich gegenseitig zu beeinflussen.

- Wenn wir ein Bernoulli-Experiment mehrfach nacheinander ausführen, sprechen wir von einer **Bernoulli-Kette**.

- Die **Binomialverteilung** oder Bernoulli-Verteilung ist eine diskrete Wahrscheinlichkeitsverteilung und kann dann verwendet werden, wenn wir ein Problem als Bernoulli-Experiment interpretieren können.

- Die **Normalverteilung** ist eine stetige Wahrscheinlichkeitsverteilung (Dichtefunktion), die nach Gauß benannt ist, der sie zuerst verwendet hat, und die für viele in der Natur vorkommenden Phänomene verwendet werden kann.

- Die **Standardnormalverteilung** hat den Mittelwert null und die Standardabweichung eins. Die Werte dieser Normalverteilung sind in Tabellen erfasst und können für Berechnungen verwendet werden.

Kapitel 7

WIE VERLÄSSLICH IST DIE STATISTIK?

Wie verlässlich ist die Statistik?

Wenn wir Sendungen zu Bundestags- oder Landtagswahlen oder Veröffentlichungen zum Konsumentenverhalten anschauen, fallen uns vor allem zwei Dinge auf:

Zum einen ist immer die Rede von Hochrechnungen. Darunter versteht man nichts anderes als den Rückschluss von Umfrageergebnissen aus „repräsentativ" ausgewählten Bevölkerungsgruppen auf die Gesamtbevölkerung.

Und zum anderen dürfen wir oft genug feststellen, dass diese Hochrechnungen zu Beginn noch recht ungenau sind und sich erst mit zunehmender Anzahl ausgezählter Stimmen dem Endergebnis stark annähern.

In den 30er Jahren des zwanzigsten Jahrhunderts entstand die **analytische oder beurteilende Statistik** in ihrer heutigen Form. Da es oftmals unmöglich war und immer noch ist, eine Gesamtheit durch eine Vollerhebung zu erfassen, versucht man, durch die zeit- und kostengünstige Auswahl einer kleinen Stichprobe auf das Verhalten oder den Zustand der Gesamtheit zu schließen.

Eine Stichprobe wird also eine Vermutung, die sogenannte **Hypothese**, über Eigenschaften der Gesamtheit entweder untermauern oder widerlegen. Allerdings bleibt dabei das Risiko einer Fehleinschätzung, welches umso größer ist, je kleiner die **Stichprobe** ist. Glücklicherweise sind die Statistiker in der Lage, das Risiko einer Fehleinschätzung anzugeben und – noch viel wichtiger – Vorgaben für Stichproben und Entscheidungsregeln zu machen, die das Fehlerrisiko minimieren.

Das Ablehnen oder Annehmen einer Hypothese kann, wenn es irrtümlich passiert, schlimme Folgen haben. Ein HIV-Test, der eine infizierte Person nicht erkennt oder umgekehrt eine gesunde Person als infiziert einstuft, kann für die Person schwerwiegende Konsequenzen haben. Die beiden Arten der Irrtumswahrscheinlichkeiten nennen wir **α-Fehler** und **β-Fehler**.

Ein häufig angewandtes Verfahren ist der **Signifikanztest**. Dieser überprüft, ob man die Vermutung über die Wahrscheinlichkeit eines bestimmten Ereignisses unter einem gegebenen Fehlerrisiko aufrechterhalten kann oder zugunsten einer anderen, unbekannten Wahrscheinlichkeit verwerfen muss.

Die Holzlieferung – ein Signifikanztest

Ein Hotelier bestellt im Herbst bei einem Holzlieferanten 30 Ster (rund 30 Kubikmeter) Brennholz für die Winterperiode. Das Brennholz soll eine Mischung aus Hartholz (Anteil 2/3) und Weichholz (Anteil 1/3) sein. Dieses Mischverhältnis bestimmt den Preis der Lieferung, da Hartholz rund doppelt so teuer ist wie Weichholz.

Nachdem die Lieferung eingetroffen ist, möchte der Hotelier gerne überprüfen, ob der Lieferant das Mischverhältnis eingehalten hat. Andernfalls würde er weniger bezahlen. Er entnimmt dazu eine Stichprobe von 50 Holzscheiten. Damit die Stichprobe einen möglichst zufälligen Charakter hat, greift er von verschiedenen Seiten in den aufgeworfenen Berg aus Holzscheiten, nachdem diese von der LKW-Ladefläche heruntergepurzelt sind.

Anschließend zählt er die Holzscheite aus und erhält folgendes Ergebnis: 28 Scheite Hartholz und 22 Scheite Weichholz. Der Hotelier ist verärgert. Wenn 2/3 des Holzes Hartholz sein sollen, hätte er rund 33 Scheite Hartholz erwartet. Aber nur 28? Diese Abweichung hält er für zu groß.

Glücklicherweise ist Bernie unter seinen Gästen. Bernie hat mitbekommen, wie der Hotelier empört vor seinem Berg aus Holz und seiner Stichprobe steht, und bietet seine Hilfe an.

Bernie erklärt dem Hotelier, es wäre ja immerhin möglich, dass das Mischverhältnis korrekt sei, obwohl der Hotelier in seiner Stichprobe nur 28 Harthölzer gefunden hat. Schließlich könnte ja einfach die Stichprobe unglücklich ausgefallen sein. Der Hotelier hält das zwar für recht unwahrscheinlich, will aber dem Holzhändler die Rechnung nicht zu Unrecht kürzen.

Bernie schlägt dem Hotelier vor, auf Basis seiner Stichprobe einen **Signifikanztest** durchzuführen. Dieser gäbe ihm eine Empfehlung an die Hand, ob er die Lieferung reklamieren soll oder nicht.

Für diesen Test wird zunächst unterstellt, dass die an sich ja unbekannte Wahrscheinlichkeit p, mit der man (zufällig) ein Hartholzscheit aus der Holzlieferung zieht, tatsächlich 2/3 ist. Aufgrund dieser Wahrscheinlichkeit darf man für die Anzahl der Harthölzer in der Stichprobe manche Werte eher erwarten als andere. Mit dem Signifikanztest lassen sich solche Werte identifizieren, die, innerhalb eines **frei wählbaren Restrisikos**, eher *nicht* für die unterstellte Wahrscheinlichkeit sprechen.

Die Annahme, p sei 2/3, führt zu der Hypothese, die der Hotelier gerne glauben möchte:

$$H_0: \quad p = \frac{2}{3}$$

Die erste Hypothese ist die **Nullhypothese**. Eine zweite Hypothese, die **Alternativhypothese**, unterstellt für p einen kleineren Wert. Man nimmt an, der Hartholzanteil sei geringer als 2/3.

$$H_1: \quad p < \frac{2}{3}$$

Der Hotelier benötigt jetzt ein **Entscheidungsverfahren**. Soll er sich aufgrund der Stichprobe für die Annahme der Nullhypothese oder für die Annahme der Alternativhypothese entscheiden? Nimmt er die Alternativhypothese an und verwirft die Nullhypothese, so muss er sich konsequenterweise bei seinem Holzlieferanten beschweren und weniger bezahlen.

Die **Ablehnung der Nullhypothese** will allerdings gut überlegt sein. Sie kann dem Hotelier gehörigen Ärger einbringen, wenn der Holzlieferant den Fehler nicht einräumt und den vollständigen Betrag einklagt. Dies ist umso schlimmer, wenn die Ablehnung irrtümlich erfolgt.

Der Hotelier akzeptiert Bernies Vorschlag: Sollte das Ergebnis der Stichprobe eine Ausnahme darstellen, wie sie höchstens jede zehnte Stichprobe liefert, dann würde er die Rechnung ungekürzt anweisen. Damit legt der Hotelier das **Signifikanzniveau** des Tests fest:

$$\alpha = 10\% = 0{,}1$$

Sollte er also die Nullhypothese ablehnen, so macht er dies irrtümlich mit einer Wahrscheinlichkeit von höchstens 10%.

Damit sind alle Vorbereitungen für den Test getroffen.

Als Erstes legt Bernie die Bedeutung der **Zufallsvariable** X fest: X gibt an, wie viele Holzscheite unter den 50 gezogenen aus Hartholz sind. X kann also Werte zwischen 0 und 50 annehmen:

$$X \in \{0,1,2,...,50\}$$

Der Hotelier ist verwundert. Es hätte auch sein können, dass seine Stichprobe gar kein Hartholz enthält? Bernie rechnet nach und erhält dafür die **Wahrscheinlichkeit**:

$$P(X=0) = B(50;\ \frac{2}{3};\ 0) = 8{,}43 \cdot 10^{-25}$$

Für diese Rechnung betrachtet Bernie die Stichprobe als **Bernoulli-Kette** der Länge 50, also die 50-malige Ausführung eines Bernoulli-Experiments, bei dem man jeweils mit der (unterstellten) Wahrscheinlichkeit von 2/3 ein Hartholz aus dem Holzhaufen zieht. Durch das Zugrundelegen der Bernoulli-Kette macht Bernie aus der Testgröße X eine binomialverteile Zufallsvariable.

Diese Wahrscheinlichkeitsverteilung schauen wir uns in der bekannten Darstellung eines Histogramms einmal genauer an.

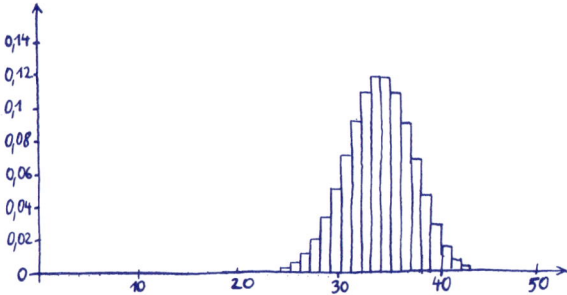

Die Fläche jeder einzelnen Säule ist wiederum ein Maß für die Wahrscheinlichkeit, genau die jeweilige Anzahl Hartholzscheite in der Stichprobe vorzufinden.

Es stellt sich nun die Frage, wie viele Scheite Hartholz **höchstens** in der Stichprobe enthalten sein dürfen, so dass die Nullhypothese mit einer Irrtumswahrscheinlichkeit von weniger als 10% abgelehnt wird. Für eine Antwort müssen wir alle Einzelwahrscheinlichkeiten für 0 Scheite, 1 Scheit, 2 Scheite usw. bis zu einer unbekannten Anzahl k Scheite addieren.

Gesucht ist also der **größte Wert für** k, sodass gerade noch gilt:

$$P(X \leq k) \leq 0{,}1 = 10\%$$

Dabei ist $P(X \leq k)$ die uns bekannte Verteilungsfunktion zur Binomialverteilung $B(50; 2/3)$. Sie liefert die Wahrscheinlichkeit, genau 0 Hartholzscheite **oder** genau 1 Hartholzscheit **oder** genau 2 Hartholzscheite usw. bis genau k Hartholzscheite in der Stichprobe vorzufinden, also die Summe der Einzelwahrscheinlichkeiten:

$$P(X \leq k) = \sum_{i=0}^{k} B\left(50; \tfrac{2}{3}; i\right)$$

Die Einzelwahrscheinlichkeiten sind so lange zu kumulieren, bis ihre Summe bei Hinzunahme der nächsten Einzelwahrscheinlichkeit das Signifikanzniveau von 10% übersteigen würde.

Der Hotelier stöhnt, dies sei ja eine Menge Arbeit. Bernie beruhigt ihn und holt aus seiner Tasche ein Tafelwerk, in dem diese Summenwerte für viele gängige Stichprobengrößen schon berechnet sind. Aus der Tabelle lesen die beiden für $n = 50$ und $p = 2/3$ folgende Werte ab:

$$P(X \leq 28) = 0{,}0756$$

und

$$P(X \leq 29) = 0{,}1259$$

Da der Hotelier 28 Harthölzer gefunden hat, kann er nun annehmen, dass der Hartholzanteil in der Lieferung zu klein war, und sich beim Lieferanten beschweren. Das **Risiko**, dass er sich zu Unrecht beschwert, beträgt nur rund 7,6% und liegt damit unterhalb seines eigenen, frei festgesetzten Signifikanzniveaus von 10%.

Speech bubble (left): HERR ZUGSPITZLER, SIE KÖNNEN SICH NUN ZU RECHT BESCHWEREN. DIE WAHRSCHEINLICHKEIT, DASS SIE SICH IRREN, LIEGT ERWIESENER-MASSEN UNTER 10%.

Speech bubble (right): DU BÜRSCHL! VIEL G'SAGT, NIX G'SCHEHEN. WEIL: I REG' MI NIE UMSONST AUF!

Labels: HARTHOLZ:28 — WEICHHOLZ:22

Hätte er nur ein Hartholzscheit mehr in seiner Stichprobe vorgefunden, hätte er aufgrund des Signifikanzniveaus von 10% die Holzlieferung nicht reklamieren dürfen: Das Risiko, dass er dem Lieferanten Unrecht tut, wächst dann bereits auf rund 12,6% an.

Der Signifikanztest ist im Übrigen nicht geeignet, die unbekannte Wahrscheinlichkeit p zu bestimmen. Die Frage, um wie viel der Hotelier die Rechnung des Lieferanten kürzen muss, kann der Test also nicht beantworten. Ein mögliches Verfahren dafür zeigen wir im übernächsten Abschnitt unter Verwendung des Konfidenzintervalls.

Den Wert $P(X \leq 28)$ kann man auch sehr schön mit einer einfachen Formel in Excel überprüfen:

=BINOMVERT(28; 50; 2/3; WAHR)

 WISSENSWERTES

Genau genommen handelt es sich bei der Zufallsvariable X im Beispiel nicht um eine binomialverteilte Zufallsvariable. Schließlich werden die entnommenen Holzscheite nicht wieder auf den großen Holzstapel zurückgelegt und untergemischt. Daher verändert sich die Wahrscheinlichkeit, mit der man ein Stück Hartholz aus dem Stapel zieht, wenn man bereits zuvor ein Stück Hart- oder Weichholz gezogen hat. Eine solche Zufallsvariable nennt man **hypergeometrisch** verteilt.

Aufgrund der großen Menge Holz, die der Hotelier bestellt hat, und der vergleichsweise geringen Stichprobe von 50 Holzscheiten kann man jedoch die Verschiebung der Wahrscheinlichkeit nach jeder Entnahme eines Scheits vernachlässigen und statt der **Hypergeometrischen Verteilung** die wesentlich leichter handhabbare **Binomialverteilung** anwenden.

Als Faustregel gilt: Beträgt die Stichprobe vom Umfang n aus einer Gesamtmenge vom Umfang N höchstens 10%, ist also die Ungleichung $n \leq 0{,}1 \cdot N$ erfüllt, so führen Binomialverteilung und Hypergeometrische Verteilung innerhalb der interessierenden Genauigkeit zu gleichen Ergebnissen für Signifikanztests.

Der Chi-Quadrat-Test auf Normalverteilung

Kehren wir noch einmal zur Limonadenabfüllanlage zurück, mit der Bernie im letzten Kapitel zu tun hatte. Der Hersteller der Abfüllanlage hatte für die Maschine angegeben, sie verhielte sich „normalverteilt". Wir wissen, was das bedeutet: Die Schwankungen der Füllmengen um ihren Erwartungswert lassen sich durch die **Gauß'sche Glockenkurve** annähern. Abweichungen vom Erwartungswert, die größer als das Dreifache der Standardabweichung sind, kommen praktisch nicht vor.

Wir wollen nun einmal dem Hersteller auf die Finger schauen und fragen uns, wie er zu der Aussage der „normalverteilten Abfüllanlage" kommen konnte.

Klassifizierung der Messwerte

Zunächst einmal hat der Hersteller genau 200 abgefüllte Ein-Liter-Limoflaschen nachgemessen und die Ergebnisse in eine Tabelle eingetragen. In dieser Tabelle ist der Messbereich von 995 ml bis 1005 ml in Klassen (Intervalle) von jeweils 1 ml unterteilt.

i: INDEX DER KLASSE	KLASSEN ($m\ell$)	k_i: ANZAHL BEOBACHTETER WERTE JE KLASSE	μ_i: ANZAHL ERWARTETER WERTE JE KLASSE, WENN NORMALVERTEILT
1	BIS 995	3	5
2	-"- 996	8	6
3	-"- 997	12	12
4	-"- 998	22	19
5	-"- 999	28	27
6	-"- **1000**	**33**	**31**
7	-"- 1001	34	31
8	-"- 1002	23	27
9	-"- 1003	19	19
10	-"- 1004	11	12
11	-"- 1005	5	6
12	AB 1005	2	5

 WISSENSWERTES

Eine Faustregel für die Anzahl der Intervalle ist, dass diese etwa der Wurzel des Stichprobenumfangs entsprechen sollte, hier also rund $\sqrt{200} \approx 14$. Außerdem sollte nicht mehr als ein Fünftel der *erwarteten* Werte kleiner als 5 sein.

Die rechte Spalte enthält die erwarteten Werte jeder Klasse, wenn man eine Normalverteilung unterstellt, wie sie der Hersteller angibt: Die Normalverteilung zum Erwartungswert μ = 1000 und zur Standardabweichung σ = 2,5.

Die Werte dieser Spalte haben wir mit der **Verteilungsfunktion** Φ der Normalverteilung berechnet. So erhält man für die Wahrscheinlichkeit, dass ein Messwert beispielsweise zwischen 997 ml und 998 ml fällt:

$$\Phi\left(\frac{998-\mu}{\sigma}\right) - \Phi\left(\frac{997-\mu}{\sigma}\right) = \Phi\left(\frac{-2}{2,5}\right) - \Phi\left(\frac{-3}{2,5}\right)$$
$$= -\Phi(0,8) + \Phi(1,2)$$
$$= -0,7881 + 0,8849$$
$$= 0,0968$$

Bei einem Stichprobenumfang von 200 Flaschen erwarten wir also 0,0968 · 200 = 16,36 ≈ 19 Werte zwischen 997 ml und 998 ml.

Wir erkennen ziemlich schnell, dass die beobachteten Werte sehr ähnlich verteilt sind wie die erwarteten Werte: Sie häufen sich um den Sollwert von 1000 ml und werden mit wachsender Abweichung ebenfalls schnell seltener.

Berechnung des Chi-Quadrats

Wir sind also geneigt, tatsächlich eine Normalverteilung zu vermuten, möchten aber dennoch wissen, wie hoch das **Fehlerrisiko dieser Hypothese** ist. Diese Antwort liefert uns der χ^2–Test (Chi-Quadrat-Test).

Als Erstes berechnen wir die Testgröße χ^2. Dieses χ^2 ist – ähnlich wie die Standardabweichung für Zufallsvariablen – ein Maß für Abweichungen. Im Gegensatz zur Standardabweichung, die die Abweichung aller Messwerte vom gemeinsamen Mittelwert berechnet, bewertet das χ^2 die Abweichung der **beobachteten Häufigkeiten** von den **erwarteten Häufigkeiten** aller Werte einer Klasse. Die erwarteten Häufigkeiten sind bei uns durch die Normalverteilung vorgegeben.

Ein zentrales Element der folgenden Rechnung ist daher die **quadrierte Abweichung** $(k_i - \mu_i)^2$. Dabei sind k_1, k_2, ... die Anzahl der tatsächlich beobachteten Werte und μ_1, μ_2, ... die Anzahl der erwarteten Werte jeder Klasse 1, 2, ... Das Quadrat dieser Differenz teilen wir durch die Anzahl der erwarteten Werte, um schließlich alle Quotienten zu summieren.

$$\chi^2 = \frac{(k_1 - \mu_1)^2}{\mu_1} + \frac{(k_2 - \mu_2)^2}{\mu_2} + \frac{(k_3 - \mu_3)^2}{\mu_3} + \ldots + \frac{(k_{12} - \mu_{12})^2}{\mu_{12}}$$

$$= \frac{(3-5)^2}{5} + \frac{(8-6)^2}{6} + \frac{(12-12)^2}{12} + \ldots + \frac{(2-5)^2}{5}$$

$$= \frac{4}{5} + \frac{4}{6} + 0 + \ldots + \frac{9}{5}$$

$$= 5{,}04$$

Der Wert für χ^2 wird umso größer, je mehr die beobachteten von den erwarteten Werten abweichen.

Signifkanztest

Eine optimale Übereinstimmung der beiden Verteilungen liegt demnach vor, wenn χ^2 den Wert 0 annimmt. Die Vermutung einer normalverteilten Abfüllanlage wird zu unserer **Nullhypothese**:

$$H_0: \chi^2 = 0, \qquad \text{d.h. keine signifikanten Unterschiede der Verteilungen;}$$

Wendet man den χ^2-Test zum Testen von Verteilungsformen an, so unterstellt man, die Nullhypothese treffe nicht zu, und überprüft stattdessen die **Alternativhypothese**:

$$H_1: \chi^2 > 0, \qquad \text{d.h. signifikante Unterschiede der Verteilungen;}$$

Die Nullhypothese wollen wir auf dem Signifikanzniveau von 10% absichern, was so viel bedeutet wie: Sollten wir die Alternativhypothese annehmen und damit die Nullhypothese ablehnen, so wollen wir uns mit einer Wahrscheinlichkeit von höchstens 10% irren.

Anhand der nachfolgenden Tabelle ermitteln wir zum Signifikanzniveau von 10% den kleinsten Wert, der für χ^2 gerade noch zulässig ist, um die Alternativhypothese zu stützen.

SIGNIFIKANZ-NIVEAU	ANZAHL KLASSEN MINUS 1					
	1	**2**	**3**	**4**	**5**	**11**
25%	1,32	2,77	4,11	5,39	6,63	13,70
10%	2,71	4,61	6,25	7,78	9,24	**17,28**
5%	3,84	5,99	7,81	9,49	11,07	19,68
1%	6,63	9,21	11,34	13,28	15,09	24,72
0,1%	10,83	13,82	16,27	18,47	20,52	31,26

Wir haben 12 Klassen festgelegt und entnehmen also der Spalte **11** und der Zeile **10%** den Wert 17,28. Da der von uns errechnete Wert für χ^2 von 5,04 jedoch weit unter 17,28 liegt, müssen wir die Alternativhypothese ablehnen und die Nullhypothese annehmen.

An der Tabelle wird sehr schön deutlich: Je größer der Wert für χ^2 ist (siehe hintere Spalte), desto kleiner ist das Risiko einer Fehlentscheidung (siehe vordere Spalte), wenn man sich gegen die Nullhypothese einer normalverteilten Abfüllanlage entscheidet.

Im Internet verraten wir unter „ChiQuadrat1", mit welchen Excel-Formeln wir diese beiden Tabellen erstellt haben.

Der χ^2-Test eignet sich zum Testen einer Messreihe hinsichtlich jeder beliebigen Verteilung, insbesondere auch für Gleichverteilungen. Die aus der Schule bekannte Aufgabe, nach der ein Würfel auf Fairness mittels der Verteilungsfunktion einer Binomialverteilung untersucht werden soll, lässt sich mithilfe des Chi-Quadrat-Tests ebenfalls sehr elegant lösen.

Diese Aufgabe lösen wir im Internet unter „ChiQuadrat2" auf beide Varianten.

Das Konfidenzintervall

Als Ergebnis von Umfragen oder **Stichproben** erhalten wir einen Mittelwert, der oftmals leichtfertig als Ersatz für eine unbekannte Wahrscheinlichkeit bezogen auf die Grundgesamtheit genommen wird. So darf der Bürgermeister die Wahrscheinlichkeit seiner Wiederwahl nicht gleichsetzen mit dem Ergebnis einer Umfrage – auch dann nicht, wenn sie möglichst repräsentativ vorgenommen wurde.

Der Mittelwert einer Stichprobe bildet also eine Art **Schätzwert** s für die unbekannte Wahrscheinlichkeit p eines Ereignisses. Mit zunehmender Stichprobengröße wird sich s nach dem Gesetz der großen Zahlen an p annähern. Wir wollen klären, wie genau ein solcher Schätzwert ist.

Dazu stellen wir uns vor, dass wir um den Schätzwert ein Intervall aufspannen. Je größer das Intervall ist, desto sicherer fangen wir damit die unbekannte Wahrscheinlichkeit ein.

Wenn wir zu einem Schätzwert ein Intervall nach links und rechts aufspannen, ein sogenanntes **Vertrauens-** oder **Konfidenzintervall**, so können wir sagen, mit welcher Wahrscheinlichkeit dieses Intervall die unbekannte Ereigniswahrscheinlichkeit p überdeckt.

Als einzige Voraussetzung müssen wir lediglich die Umfrage oder das Entnehmen einer Stichprobe als Bernoulli-Experiment auffassen: Eine gefragte Person wird den Bürgermeister wählen oder nicht.

WERDEN SIE DEN BÜRGERMEISTER WÄHLEN ODER NICHT?

ICH GEHE NICHT WÄHLEN.

Für die vom Bürgermeister in Auftrag gegebene Wahlstudie werden 1000 repräsentativ ausgewählte Personen befragt. Wenn wir die **Zufallsvariable** X als die Anzahl der Personen festlegen, die den Bürgermeister wählen würden, dann ist X eine binomialverteile Zufallsvariable. X kann Werte zwischen 0 und 1000 annehmen.

Aufgrund der von Bernie durchgeführten Umfrage würden genau 400 Personen den Bürgermeister wählen. Unser Schätzwert ist also

$$s = \frac{400}{1000} = 40\%.$$

Um diesen Schätzwert spannen wir ein Intervall auf, indem wir von s um c nach links und um c nach rechts gehen. Mit welcher Wahrscheinlichkeit nun liegt die tatsächliche Wahlquote des Bürgermeisters p in diesem **Konfidenzintervall**? Wir fragen also nach

$$P(p \in [s-c; s+c])$$

oder formal besser ausgedrückt:

$$P\big(|s-p| \leq c\big)$$

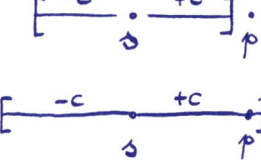

Da Bernie mit 1000 befragten Personen eine sehr große Umfrage durchgeführt hat, dürfen wir die Binomialverteilung durch die **Normalverteilung** annähern, ohne die Ergebnisse zu verfälschen. Das macht das Rechnen deutlich einfacher. Wir wollen nun das Konfidenzintervall durch die Wahl von c so festlegen, dass wir p mit einer Wahrscheinlichkeit von 95% einfangen. Wir sprechen daher auch von einem **95%-Konfidenzintervall**.

In Kapitel 6 stellten wir bereits fest, dass bei einer normalverteilten Zufallsvariable rund 95% aller Werte höchstens um das Doppelte der Standardabweichung vom Mittelwert abweichen. Damit haben wir bereits einen guten Wert für c gefunden: $c = 2\sigma$. Wir wissen also:

$$P\left(\left|s - p\right| \leq 2\sigma\right) = 95\%$$

Die Standardabweichung σ können wir mithilfe unserer Umfrageergebnisse recht gut abschätzen. Für binomialverteilte Zufallsvariablen gilt die einfache Formel:

$$\sigma = \sqrt{n \cdot s \cdot (1 - s)}$$

Wir erhalten entsprechend

$$\sigma = \sqrt{1000 \cdot 0,4 \cdot 0,6} = \sqrt{240} = 15,5$$

Damit wissen wir nun, dass wir mit **95%-iger Sicherheit** davon ausgehen können, dass mindestens $400 - 2 \cdot 15,5 = 369$ und höchstens $400 + 2 \cdot 15,5 = 431$ Personen den Bürgermeister wählen würden. In Wählerquoten ausgedrückt sind das **mindestens 36,9% und höchstens 43,1%**.

Eine größere Umfrage bei 2000 Personen führt vermutlich zu einer verbesserten Aussage. Nehmen wir an, auch hier hätten sich 40% der Befragten für den Bürgermeister ausgesprochen, mithin also 800 Personen. Wir erhalten für die Standardabweichung

$$\sigma = \sqrt{2000 \cdot 0,4 \cdot 0,6} = \sqrt{480} = 21,9$$

und für die Anzahl der Wähler auf dem 95%-Konfidenzintervall:

$$800 - 2 \cdot 21,9 = 756 \text{ bzw.}$$

$$800 + 2 \cdot 21,9 = 844 \ .$$

Dies führt zu Wählerquoten von mindestens 37,8% und höchstens 42,2% mit mindestens 95%-iger Sicherheit. Für einen geringfügigen Gewinn von Genauigkeit muss mit der Befragung der doppelten Anzahl an Personen also erheblich mehr Aufwand betrieben werden.

Die meisten Meinungsumfragen verschweigen die Voraussetzungen, unter denen sie gemacht wurden. Zu Bernies Umfrage hätte das Wahlbarometer angeben können: 1000 Befragte, Fehlertoleranz +/- 5 Prozentpunkte. In manchen Umfragen findet man solche Angaben.

ERKENNTNISSE
DIESES KAPITELS

- Eine Hochrechung ist der Rückschluss von Umfrageergebnissen aus „**repräsentativ**" ausgewählten Bevölkerungsgruppen (**Stichproben**) auf die Gesamtbevölkerung.

- Der **Signifikanztest** überprüft, ob man die Vermutung (Hypothese) über die Wahrscheinlichkeit eines bestimmten Ereignisses unter einem gegebenen Fehlerrisiko aufrechterhalten kann oder zugunsten einer anderen, unbekannten Wahrscheinlichkeit verwerfen muss.

- Die **Nullhypothese** ist die ursprüngliche Vermutung. Die Wahrscheinlichkeit, die Nullhypothese irrtümlich abzulehnen, obwohl sie richtig ist, ist der **α-Fehler** oder Fehler 1. Ordnung.

- Die **Alternativhypothese** ist eine gegenteilige Vermutung. Die Wahrscheinlichkeit, die Alternativhypothese irrtümlich abzulehnen, obwohl sie richtig ist, ist der **β-Fehler** oder Fehler 2. Ordnung.

- Der χ^2–Test (**Chi-Quadrat-Test**) eignet sich zum Testen einer Messreihe hinsichtlich jeder beliebigen Verteilung.

- Ein sogenanntes Vertrauens- oder **Konfidenzintervall** gibt die Wahrscheinlichkeit an, mit der ein links und rechts zu einem Schätzwert aufgespanntes Intervall die unbekannte Ereigniswahrscheinlichkeit p überdeckt.

Kapitel 8

WAS GIBT ES NOCH?

Was gibt es noch?

Bisher haben wir ausschließlich Zufallsexperimente mit nur einer Zufallsvariablen behandelt. Es gibt aber auch Experimente, in denen zwei Variablen, X und Y, (oder manchmal noch mehr Variablen) eine Rolle spielen.

So können wir die Lebenserwartung Y eines Menschen in Abhängigkeit von seiner Herkunft X untersuchen, ebenso das Wachstum Y einer Pflanzenart in Abhängigkeit des verwendeten Düngemittels X usw. Bei all diesen Fragestellungen ist eine Variable als unabhängig, hier X, und die andere als abhängig, hier Y, anzusehen. Schließlich dürfen wir erwarten, dass eine Änderung der Werte für X auch eine Änderung der Werte für Y zur Folge hat.

Eine solche Beziehung zwischen zwei Zufallsvariablen bezeichnet man als **Regression** von Y bezüglich X. Der Begriff Regression (Regress = Rückschritt) ist leider völlig sinnverzerrend gewählt und muss eher als Erblast eines der ersten untersuchten Experimente mit zwei Zufallsvariablen angesehen werden. Eine zu Beginn des letzten Jahrhunderts durchgeführte Studie bezüglich der Größe der Söhne in Abhängigkeit von der Größe ihrer Väter ließ den Schluss zu, dass Söhne kleiner seien als ihre Väter. Die Durchschnittsgröße der Männer ginge demzufolge also zurück (Regression).

Zwischen zwei untersuchten Merkmalen X und Y eines Experiments kann allerdings auch ein Zusammenhang bestehen, ohne dass Y in einer Abhängigkeit von X steht. Wir sprechen dann von einer **Korrelation** zwischen X und Y. Beispiele hierfür sind das Heiratsalter von Männern und Frauen, Niederschlagsmengen an zwei verschiedenen Messstationen usw.

Wir geben einen kurzen Ausblick auf Stichproben, die Paare von Messwerten erzeugen:

$$(x_1, y_1), (x_2, y_2), \dots , (x_n, y_n)$$

Regression

Wir können die Paare der Messwerte in ein Koordinatensystem eintragen und subjektiv feststellen, ob sie alle – mehr oder weniger – auf einer Geraden oder, im Falle einer nichtlinearen Regression, auf einer Kurve liegen. Das wird dann besonders einfach sein, wenn die Werte wenig streuen. Bei einer stärkeren Streuung würden mehrere Personen wahrscheinlich zu unterschiedlichen Geraden kommen, die als Mittellinie anzusehen sind.

Statistica will ihren Assistenten Bernie motivieren, sich auf den Abschlusstest (Fragen mit Mehrfachantworten) gut vorzubereiten. Sie macht das in Form von Diagrammen, die die Beziehung zwischen Vorbereitungsstunden und den beim Test erreichten Punkten aufzeigen. Sie hat auch den linearen Zusammenhang dargestellt.

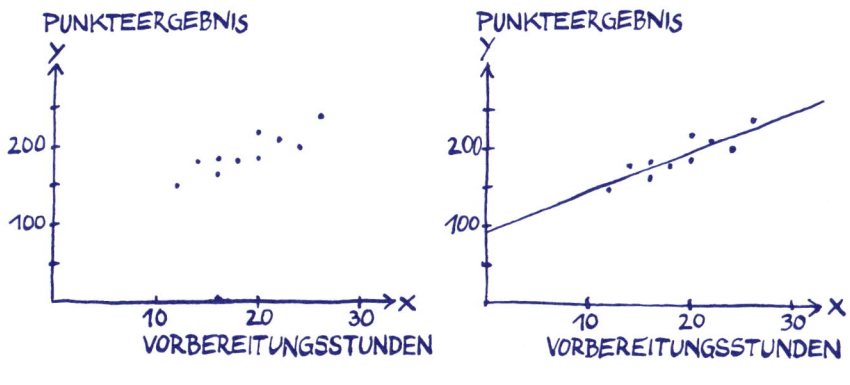

 WISSENSWERTES

Wie berechnen wir eine Regressionsgerade?

Eine objektive Methode ist das **Gauß'sche Prinzip** der **kleinsten Quadrate**. Danach gilt diejenige Gerade als die beste Annäherung, für die die Summe der Quadrate aller Abstände der Punkte von der Geraden am kleinsten ist. Gemeint ist hier allerdings nicht der Abstand, den man üblicherweise mit der Länge des Lots auf die Gerade misst, sondern der senkrechte Abstand. Diesen haben wir rechnerisch viel einfacher im Griff.

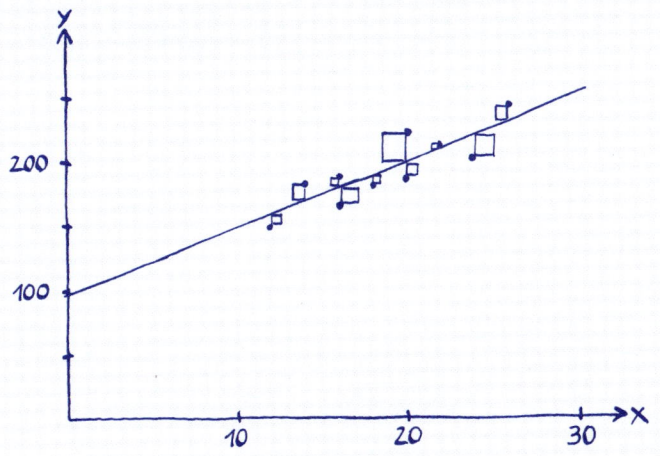

Auf diese Weise lässt sich für die Regressionsgerade nachfolgende Geraden-gleichung herleiten:

$$y = b \cdot (x - \bar{x}) + \bar{y}$$

Dabei sind $\bar{x}$ und $\bar{y}$ die jeweiligen arithmetischen Mittel aller gemessenen x- und y-Werte. b ist der sogenannte **Regressionskoeffizient**, der die Steigung der Geraden vorgibt.

Korrelation

Der Begriff der Korrelation trifft sehr genau unser Ziel, das wir beim Auswerten der Paare von Messwerten verfolgen. Auch umgangssprachlich verwenden wir oftmals den Ausdruck „zwei Dinge korrelieren miteinander", wenn wir eine starke Abhängigkeit zwischen diesen Dingen erkennen.

Objektiv berechnen wir die Abhängigkeit zwischen den Werten von X und den Werten Y über den Korrelationskoeffizienten r, dessen absoluter Wert immer ein Wert zwischen 0 und 1 ist. Je näher er an 1 liegt, desto eher ist vermutlich eine (lineare) Abhängigkeit zwischen X und Y gegeben.

Wenn wir die Werte paarweise auftragen, entstehen sogenannte **Punktwolken**.

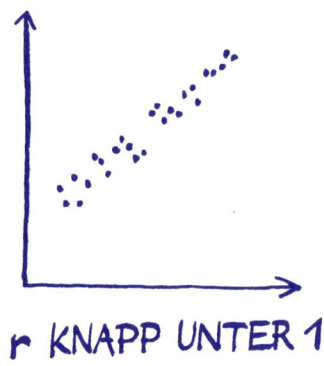

r KNAPP UNTER 1

Die **erste Punktwolke** könnte entstanden sein durch das Auftragen der Lebenserwartung der Männer an der x-Achse und die der Frauen an der y-Achse. Deutlich erkennbar ist ein linearer Zusammenhang.

Positive Korrelationskoeffizienten ergeben sich dann, wenn der Zusammenhang gleichsinnig ist: je größer x_i, desto größer y_i. Bei höherer Lebenserwartung der Männer haben auch die Frauen eine höhere Lebenserwartung. Ist die Lebenserwartung niedriger, trifft das Männer und Frauen. Die Punktwolke verläuft von links unten nach rechts oben, was diesen Zusammenhang visualisiert.

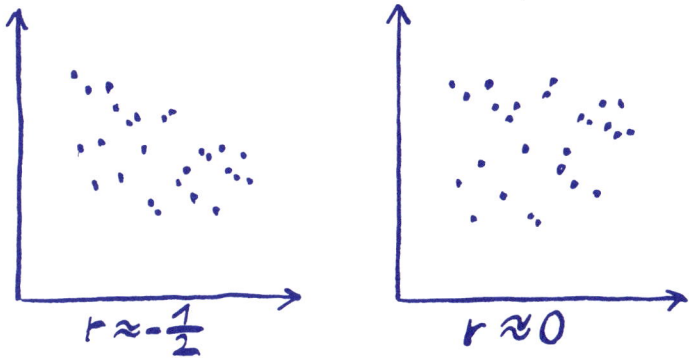

Ein Bild wie die **zweite Punktwolke** entsteht beispielsweise, wenn wir an der x-Achse die Population der Hasen (Gejagte) und an der y-Achse die Population der Füchse (Jäger) jeweils über mehrere Jahre auftragen. Hier ergibt sich ein eher gegenläufiger Zusammenhang, da die Füchse für die abnehmende Population der Hasen sorgen.

Negative Korrelationskoeffizienten ergeben sich dann, wenn der Zusammenhang gegensinnig ist: je größer x_i, desto kleiner y_i. Gibt es mehr Füchse, werden die Hasen weniger. Gibt es weniger Füchse, können sich die Hasen wieder vermehren. Die Punktwolke verläuft von links oben nach rechts unten, was diesen Zusammenhag visualisiert.

Eine **Punktwolke** wie die **dritte** ergibt sich immer dann, wenn überhaupt kein Zusammenhang existiert.

WISSENSWERTES

Den Korrelationskoeffizienten berechnen wir wie folgt:

$$r = \frac{s_{xy}}{s_x \cdot s_y}$$

Dabei sind s_x und s_y die empirischen Standardabweichungen von X und Y, s_{xy} ist die Kovarianz der Stichprobe, deren Formel wir abschließend angeben:

$$s_{xy} = \frac{1}{n-1} \sum_{j=1}^{n} (x_j - \bar{x})(y_j - \bar{y})$$

Wir sind jetzt am **Ende** dieses Buchs angekommen – das Gebiet der Statistik ist noch sehr groß: Regressionsanalyse, Varianzanalyse, Faktorenanalyse – um nur einige Gebiete zu nennen. Die Probleme, die die Statistik lösen soll, sind sehr vielfältig. Häufig müssen dazu auch mehr als eine oder zwei Variablen verwendet werden.

Bei der Berechnung helfen Computerprogramme. Was diese aber nicht können, ist das Vermitteln eines Grundverständnisses für die Statistik. Da hoffen wir, dass Sie, liebe Leserin und lieber Leser, mit Bernie und Statistica eine gute Basis gewonnen haben und Lust haben, sich weiter mit der Statistik zu beschäftigen.

BERNIE IM ALLTAG

STATISTISCH GESEHEN SITZE ICH NOCH
DREI JAHRE HIER UND WECHSLE
DANN DEN ARBEITSPLATZ!

Praxistraining

Alles klar?

Jetzt seid ihr, liebe Leser gefordert. Die ausführliche Lösung findet ihr nach Kapiteln geordnet unter www.pearson.studium.de. Bitte einfach auf die Internetseite zum Buch *Statistik macchiato* gehen und nebenstehenden Button für Studenten anklicken.

1.1 In einer Stadt soll der durchschnittliche Grundstückspreis ermittelt werden. Dazu werden die letzten zehn Grundstückskäufe ausgewertet und jeweils der Preis pro Quadratmeter notiert. Es ergibt sich folgende Urliste:

Grundstück 1	270,- €	Grundstück 6	310,- €
Grundstück 2	330,- €	Grundstück 7	300,- €
Grundstück 3	290,- €	Grundstück 8	510,- €
Grundstück 4	480,- €	Grundstück 9	270,- €
Grundstück 5	295,- €	Grundstück 10	280,- €

(a) Berechnen Sie den Mittelwert der Quadratmeterpreise!

(b) Sortieren Sie die Urliste und ermitteln Sie den Median!

(c) Bewerten Sie die Aussagen von Median und Mittelwert!

(d) Schätzen Sie die Standardabweichung der Grundstückspreise ausgehend von der Stichprobe ab!

(e) Ihnen wird ein Grundstück zu 320,- Euro pro Quadratmeter angeboten. Ordnen Sie diesen Preis mithilfe der gerade gewonnenen Kenngrößen ein!

2.1 Die vier Spielkarten Kreuz-Ass, Pik-Ass, Herz-Ass und Karo-Ass liegen gut gemischt verdeckt vor Ihnen. Geben Sie einen Ergebnisraum für folgende Experimente an:

(a)   Sie ziehen eine Karte.

(b)   Sie ziehen zwei Karten nacheinander, ohne die erste Karte zurückzulegen.

(c)   Sie ziehen zwei Karten nacheinander, wobei Sie die erste Karte zurücklegen und noch einmal gut durchmischen.

(d)   Sie ziehen zwei Karten gleichzeitig.

2.2 Die Auswahl einiger europäischer Städte könnte so lauten:

Ω = {Nürnberg, Frankfurt, München, Wien, Salzburg, Würzburg, Hamburg, Innsbruck, Düsseldorf, Paris}

Geben Sie folgende Ereignisse in der Mengenschreibweise an:

(a) D: „Städte aus Deutschland"

(b) O: „Städte aus Österreich"

(c) S: „Städte südlich der Donau"

(d) Deutsche Städte südlich der Donau: S ∩ D

(e) Städte in Österreich oder Deutschland: O ∪ D

2.3 In einer Kinderklinik werden in einem Monat 83 Babys geboren, 38 Jungen und 45 Mädchen. Berechnen Sie die relative Häufigkeit der Jungen und Mädchen!

2.4 Von den 170 Mitarbeitern einer Firma sprechen 120 Mitarbeiter Englisch, 105 Mitarbeiter Französisch und 70 Mitarbeiter beide Sprachen.

(a) Wie viel Prozent der Mitarbeiter sprechen Französisch, aber nicht Englisch?

(b) Wie viel Prozent der Mitarbeiter sprechen nur eine der beiden Sprachen?

(c) Wie viel Prozent der Mitarbeiter sprechen keine der beiden Sprachen?

3.1 Von zwei Ereignissen A und B weiß man, dass $A \cap B = \varnothing$ und $A \cup B = \Omega$ ist. Was kann man über die Ereignisse A und B aussagen?

3.2 In einer Lostrommel befinden sich 50 Lose, die von 1 bis 50 durchnummeriert sind. Lose, deren Nummern durch 3 oder durch 7 teilbar sind, gewinnen einen Preis. *Mit welcher Wahrscheinlichkeit wird eines dieser Lose gezogen?*

LOSTROMMEL

3.3 Ein fairer Würfel und ein gezinkter Würfel werden gleichzeitig geworfen. *Berechnen Sie die Wahrscheinlichkeit für das Ereignis „Beide Würfel zeigen eine Sechs", wenn der gezinkte Würfel eine Sechs mit der Wahrscheinlichkeit $p = \frac{1}{4}$ zeigt!*

3.4 Bei einer Tombola werden 100 Lose verkauft, von denen ein Los der Hauptgewinn ist. *Zeigen Sie anhand eines zweistufigen Baumdiagramms, dass es für die Wahrscheinlichkeit, den Hauptgewinn zu ziehen, gleichgültig ist, ob Sie das erste oder zweite Los erwerben!*

3.5 Für einen neu entwickelten HIV-Test wird die Zulassung beantragt. Aufgrund von Tests an Freiwilligen, von denen jeweils bekannt ist, ob sie Träger des Virus sind, sehen die Erfolgsquoten des Tests folgendermaßen aus: Bei 2000 HIV-infizierten Personen versagt der Test in 2 Fällen, bei 2000 Personen, die nicht Träger des Virus sind, versagt der Test in 10 Fällen. *Entscheiden Sie über die Zulassung des Tests in Deutschland (80 Mio. Einwohner), wo Ende 2006 rund 56.000 Personen HIV-positiv waren.*

Hinweis: *Berechnen Sie, mit welcher Wahrscheinlichkeit eine zufällig ausgewählte und getestete Person tatsächlich Träger des HIV ist, wenn der Test positiv ausfällt.*

4.1 Sieben Schüler haben sich zufällig in einer Reihe aufgestellt. *Mit welcher Wahrscheinlichkeit haben sie sich alphabetisch aufgestellt?*

4.2 Für die Wahl des dreiköpfigen Vorstands eines Sportvereins kandidieren sieben Mitglieder. *Wie viele Möglichkeiten gibt es, den ersten, zweiten und dritten Vorstand aus den Kandidaten zusammenzusetzen?*

4.3 *Wie viele Wörter, die aus sechs Buchstaben bestehen und nicht im Wörterbuch vorkommen müssen, lassen sich aus unserem Alphabet (26 Buchstaben) bilden, wenn man keinen Buchstaben doppelt zulässt?*

4.4 *Wie viele Möglichkeiten gibt es, zwei gleichberechtigte Schülersprecher aus einer Klasse mit 27 Schülern zu wählen?*

4.5 Auf einer Geburtstagsparty stoßen nach dem Toast auf den Jubilar alle 18 Gäste miteinander an. *Wie oft erklingen die Gläser, wenn jeder Gast mit jedem einmal anstößt?*

189

4.6 Sie geben für die nächste Ziehung der Lottozahlen eine Tippreihe ab, bestehend aus sechs von insgesamt 49 Zahlen. *Wie viele verschiedene Ziehungen (sechs Zahlen) führen dazu, dass Sie genau drei Richtige haben?*

4.7 *Mit welcher Wahrscheinlichkeit können Sie mit der Abgabe einer Tippreihe einen „Dreier mit Zusatzzahl" beim Samstagslotto (6 aus 49) erwarten?*

5.1 Ein Würfel wird so lange geworfen, bis zum ersten Mal eine Sechs fällt. Die Zufallsvariable X gebe die Anzahl der Würfe an.

(a) Geben Sie die Wertemenge für X an!

(b) Beschreiben Sie das Ereignis E: „X = 1" in Worten!

(c) Beschreiben Sie das Ereignis E: „X ≥ 5" in Worten!

(d) Bestimmen Sie die Wahrscheinlichkeitsfunktion p und die Verteilungsfunktion F!

(e) Berechnen Sie P(X = 2)!

(f) Berechnen Sie P(X ≤ 3)!

(g) Berechnen Sie P(X ≥ 5)!

5.2 Die Zufallsvariable X habe die folgende Verteilungsfunktion:

$$F(x) = \begin{cases} 0 & \text{für} & x < 0 \\ \frac{1}{2} & \text{für} & 0 \le x < 3 \\ \frac{3}{4} & \text{für} & 3 \le x < 4 \\ 1 & \text{für} & 4 \le x \end{cases}$$

(a) Zeichnen Sie den Graphen von F!

(b) Ermitteln Sie die zugehörige Wahrscheinlichkeitsfunktion p und stellen Sie sie grafisch als Stabdiagramm dar!

(c) Berechnen Sie P(-2 < X ≤ 2) und P(2 ≤ X ≤ 4)!

6.1 Berechnen Sie die Wahrscheinlichkeit $B(5; 0{,}25; 3)$!

6.2 Berechnen Sie die Wahrscheinlichkeiten dafür, dass beim fünfmaligen Werfen eines Würfels

(a) genau einmal eine Sechs erscheint,

(b) beim ersten Wurf eine Sechs fällt,

(c) nur beim ersten Wurf eine Sechs fällt,

(d) keine einzige Sechs fällt!

6.3 *Wie oft muss man einen fairen Würfel wenigstens werfen, um mit der Wahrscheinlichkeit von 0,9 mindestens eine Sechs zu werfen?*

6.4 *Wie oft muss man einen fairen Würfel werfen, damit die Wahrscheinlichkeit, dass genau einmal eine Sechs erscheint, maximal wird?*

6.5 Am Gardasee regnet es im August durchschnittlich an 8 Tagen. *Geben Sie die Wahrscheinlichkeit dafür an, dass Sie bei einem zehntägigen Aufenthalt im August am Gardasee maximal zwei Regentage haben werden!*

6.6 2002 wurden in Deutschland 623.000 Kinder geboren. Die Wahrscheinlichkeit für die Geburt eines Jungen ist 0,514. *Berechnen Sie die erwartete Anzahl der Jungengeburten und die Wahrscheinlichkeit dafür, dass diese Zahl um mindestens 1000 Geburten übertroffen wird!*

Hinweis: *Die passende Zufallsvariable X, die die Anzahl der Jungengeburten angibt, ist binomialverteilt. Wegen der Vielzahl der Geburten dürfen wir sie durch die entsprechenden Werte einer Normalverteilung annähern. Zeigen Sie zunächst die Gültigkeit des folgenden Ansatzes*

$$P(X \geq \mu + 1000) \approx 1 - \Phi\left(\frac{999}{\sigma}\right)$$

und berechnen Sie dann die rechte Seite. Die Formel für die Standardabweichung einer binomialverteilten Zufallsvariable mit der Trefferwahrscheinlichkeit p lautet:

$$\sigma(X) = \sqrt{n \cdot p \cdot (1 - p)}$$

7.1 Eine Marketingfirma, die auf Werbung im Internet spezialisiert ist, verschickt im Auftrag ihres Kunden eine E-Mail-Werbung. Rund 10% der Empfänger reagieren auf die E-Mail. Eine Änderung der Betreffzeile dieser E-Mail soll dazu führen, dass nun rund 15% der Empfänger reagieren. Die E-Mail mit der neuen Betreffzeile wird an 200 Testpersonen geschickt.

(a) Wie viele Personen müssten mindestens auf die E-Mail reagieren, damit die Nullhypothese, die neue Betreffzeile sei besser als die alte, auf einem Signifikanzniveau von 5% gehalten werden kann? (Die Wahrscheinlichkeit, dass man diese Hypothese zu Unrecht verwirft, darf also höchstens 5% betragen. Diese Wahrscheinlichkeit nennt man auch α-Fehler.)

(b) Es wäre natürlich auch möglich, dass ebenso viele Personen auf die E-Mail reagieren, wenn sie die alte Betreffzeile erhalten. Mit welcher Wahrscheinlichkeit kann das passieren? (Diese Wahrscheinlichkeit nennt man auch β-Fehler.)

(c) Wie verhält sich der β-Fehler, wenn man den α-Fehler anhebt?

(d) Gibt es eine Möglichkeit, beide Fehler gleichzeitig zu senken?

7.2   Ein Würfel wird dreihundert Mal geworfen und die Häufigkeit der einzelnen Augenzahlen wird gezählt:

1	2	3	4	5	6
47	55	58	43	52	45

(a) Jede einzelne Augenzahl hätte man 50-mal erwarten dürfen. Die Drei weicht hiervon besonders stark ab. Mit welcher Wahrscheinlichkeit weicht bei einem fairen Würfel die Häufigkeit einer Augenzahl um 8 oder mehr von dem erwarteten Wert von 50 ab?

(b) Untersuchen Sie mithilfe des $\chi 2$-Tests, ob Sie auf einem Signifikanzniveau von 25% annehmen dürfen, der Würfel sei fair!

7.3   *Wie viele Personen hätte Bernie im Auftrag des Bürgermeisters befragen müssen, damit die Wahlquoten um höchstens 1% vom Umfrageergebnis auf einem 99%-Konfidenzintervall abweichen?* (Diese Werte bedeuten eine sehr hohe Absicherung des Umfrageergebnisses und wir ahnen schon, dass Bernie dazu sehr viele Leute befragen muss. Man beachte, dass das Ergebnis völlig unabhängig von der Einwohnerzahl der Stadt ist. Wir dürfen allerdings annehmen, dass es sich um eine sehr große Stadt handelt.)

Kommentierte Formeln

Zum Nachschlagen

Mittelwert, Median und empirische Standardabweichung

- Eine Stichprobe liefert n verschiedene Messwerte $x_1, x_2, ..., x_n$

- Der (arithmetische) **Mittelwert** ist

$$\bar{x} = \frac{1}{n} \sum_{i=1}^{n} x_i = \frac{1}{n} \cdot \left(x_1 + x_2 + ... + x_n \right)$$

- Um den **Median** (oder *Zentralwert*) zu ermitteln, sortiert man die Liste der Messwerte zunächst in auf- oder absteigender Reihenfolge:

$y_1, y_2, ..., y_n.$

Falls eine *ungerade* Anzahl an Messwerten vorliegt, ist der Median genau der Wert in der Mitte der Liste:

$$\bar{x}_z = y_k \text{ mit } k = \frac{n+1}{2}$$

Falls eine *gerade* Anzahl an Messwerten vorliegt, ist der Median genau der Mittelwert der beiden Werte in der Mitte der Liste

$$\bar{x}_z = \frac{y_k + y_{k+1}}{2} \text{ mit } k = \frac{n}{2}$$

- Die Streuung der Messwerte um ihren Mittelwert führt zur **empirischen Standardabweichung** einer Stichprobe, welche eine Schätzung der Standardabweichung der Gesamtpopulation oder Grundgesamtheit ist:

$$s = \sqrt{\frac{1}{n-1} \cdot \sum_{i=1}^{n} (x_i - \bar{x})^2}$$

Ergebnisse, Ergebnisraum und Ereignisse

$\Omega = \{1,2,3,4,5,6\}$

- Der **Ergebnisraum** eines Zufallsexperiments enthält alle möglichen Ergebnisse des Experiments:

$$\Omega = \{\omega_1, \omega_2, ... \omega_n\}$$

- Die **Mächtigkeit des Ergebnisraums** ist die Anzahl seiner Ergebnisse:

$$|\Omega| = n$$

- Ein Ergebnis ist ein Element des Ergebnisraums:

$$\omega_i \in \Omega$$

- Ein **Ereignis** ist eine beliebige Zusammenstellung von Ergebnissen und damit eine Teilmenge des Ergebnisraums:

$$E \subseteq \Omega$$

- Die **Mächtigkeit** eines Ereignisses $E = \{\omega_1, \omega_2, ... \omega_k\}$ ist die Anzahl seiner Ergebnisse:

$$|E| = k$$

- Wichtige Ereignisse sind:

  (a) Das **unmögliche** Ereignis: $\qquad E = \{\}$

  (b) Das **sichere** Ereignis: $\qquad E = \Omega$

  (c) Das **Elementarereignis**: $\qquad E = \{\omega_i\}$

Am Beispiel des Ergebnisraums $\Omega = \{1,2,3\}$ und der Ereignisse $A = \{1,2\}$, $B = \{2,3\}$ und $C = \{3\}$ kann man folgende Aussagen nachvollziehen:

- Ereignisse lassen sich **verknüpfen**. Man erhält:

  (a) den Durchschnitt, „A **und** B": $\qquad A \cap B = \{2\}$

  (b) die Vereinigung, „A **oder** B": $\qquad A \cup B = \{1,2,3\}$

- Zwei Ereignisse heißen **unvereinbar**, wenn sie keine gemeinsamen Ergebnisse haben: $\qquad A \cap C = \{\}$

- A ist das **Gegenereignis** zu C (und umgekehrt), weil gilt:

  (a) A und C sind unvereinbar: $\qquad A \cap C = \{\}$

  (b) C enthält alle Ergebnisse, die A zum vollständigen Ergebnisraum fehlen (und umgekehrt): $\qquad A \cup C = \Omega$

  Man schreibt $C = \overline{A}$ bzw. $A = \overline{C}$.

Absolute Häufigkeit, relative Häufigkeit

- Die **absolute Häufigkeit** eines Ereignisses E gibt an, wie oft das Ereignis bei mehrfacher Durchführung eines Zufallsexperiments eingetreten ist. Ist es m-mal eingetreten, so ist:

  $$k(E) = m$$

- Die **relative Häufigkeit** eines Ereignisses E gibt an, welchen Anteil die Häufigkeit des Ereignisses E an der Gesamtzahl der Versuche hat. Als Ergebnis erhält man einen Wert zwischen 0 und 1 bzw. zwischen 0% und 100%. Bei insgesamt n Versuchen ergibt sich die relative Häufigkeit aus dem Quotienten

  $$h_n(E) = \frac{k(E)}{n}$$

- Die relative Häufigkeit der Vereinigung zweier **vereinbarer** Ereignisse A und B ist

$$h_n(A \cup B) = h_n(A) + h_n(B) - h_n(A \cap B)$$

Sind die Ereignisse A und B **unvereinbar**, so erhält man den Spezialfall

$$h_n(A \cup B) = h_n(A) + h_n(B)$$

Wahrscheinlichkeiten

- Die Wahrscheinlichkeit eines Ereignisses $A \subseteq \Omega$ eines endlichen Ergebnisraums Ω lässt sich nach der **Formel von Laplace** berechnen, wenn alle Ergebnisse dieses Ergebnisraums mit der gleichen Wahrscheinlichkeit eintreten:

$$P(A) = \frac{|A|}{|\Omega|}$$

- Das **Wahrscheinlichkeitsmaß** P ist eine Abbildung, die jedem beliebigen Ereignis $A \subseteq \Omega$ eine reelle Zahl zuordnet:

$$P : A \subseteq \Omega \to R$$

- Für das Wahrscheinlichkeitsmaß P gelten die **Axiome von Kolmogorow**, welche für zwei beliebige Ereignisse A, $B \subseteq \Omega$ lauten:

Axiom I: $P(A) \geq 0$

Axiom II: $P(\Omega) = 1$

Axiom III: $P(A \cup B) = P(A) + P(B)$, wenn $A \cap B = \{\}$ gilt

- Aus diesen Axiomen lassen sich weitere Rechenregeln für die Wahrscheinlichkeiten zweier beliebiger Ereignisse A, $B \subseteq \Omega$ ableiten:

  (a) Wahrscheinlichkeit des Gegenereignisses: $P(\overline{A}) = 1 - P(A)$

  (b) Wahrscheinlichkeit des unmöglichen Ereignisses: $P(\{\}) = 0$

  (c) Additionsgesetz für vereinbare Ereignisse A und B:

  $P(A \cup B) = P(A) + P(B) - P(A \cap B)$

- Zwei beliebige Ereignisse $A, B \subseteq \Omega$ sind **unabhängig**, wenn gilt:

  $P(A \cap B) = P(A) \cdot P(B)$

- Umgekehrt lässt sich mit dieser Gleichung auf einfache Weise $P(A \cap B)$ berechnen, wenn man zweifelsfrei voraussetzen kann, dass A und B unabhängig sind. Man verwendet die Gleichung dann als **Multiplikationsgesetz für unabhängige Ereignisse.**

Bedingte Wahrscheinlichkeiten

- Tritt das Ereignis A mit einer geänderten Wahrscheinlichkeit ein, falls das Ereignis B eingetreten ist, so schreibt man

  $P(A \mid B)$

  und meint damit die **bedingte Wahrscheinlichkeit** von A unter der Bedingung, dass B eingetreten ist.

- Sind zwei Ereignisse $A, B \subseteq \Omega$ abhängig, so verwendet man das **allgemeine Multiplikationsgesetz** für Wahrscheinlichkeiten, um $P(A \cap B)$ zu berechnen:

  $P(A \cap B) = P(A \mid B) \cdot P(B)$

  bzw.:

  $P(A \cap B) = P(B \mid A) \cdot P(A)$

  Das Multiplikationsgesetz für unabhängige Ereignisse ist ein Spezialfall des allgemeinen Multiplikationsgesetzes, weil dann nämlich gilt:

  $P(B \mid A) = P(B)$ bzw. $P(A \mid B) = P(A)$

- Mit der **Formel von Bayes** berechnet man die Wahrscheinlichkeit, mit der ein bestimmtes Ereignis Ursache für das Zustandekommen eines anderen Ereignisses ist. Gibt es n Ereignisse $A_1, A_2, ..., A_n$, die alle Einfluss auf das Zustandekommen des Ereignisses B haben, so liefert die Formel von Bayes die Wahrscheinlichkeit, mit der gerade das Ereignis A_k am Zustandekommen von B beteiligt ist:

$$P(A_k \mid B) = \frac{P(A_k \cap B)}{P(A_1 \cap B) + P(A_2 \cap B) + ... + P(A_n \cap B)}$$

Dabei ist k ein Wert zwischen 1 und n.

Kombinatorik

Merke: Wenn wir von einer Anordnung von Elementen sprechen, kommt es uns auf die Reihenfolge innerhalb dieser Elemente an. Sprechen wir von einer Auswahl, so ist die Reihenfolge unwichtig.

- Anzahl der Möglichkeiten, alle n Elemente einer n-elementigen Menge **anzuordnen**, ohne ein Element mehrfach zu verwenden:

$n!$

- Anzahl der Möglichkeiten, k Elemente einer n-elementigen Menge **anzuordnen**, ohne ein Element mehrfach zu verwenden:

$$\frac{n!}{(n-k)!}$$

- Anzahl der Möglichkeiten, k Elemente aus einer n-elementigen Menge **auszuwählen**, ohne ein Element mehrfach zu wählen:

$$\frac{n!}{(n-k)!\,k!} = \binom{n}{k}$$

- Anzahl der Möglichkeiten, m verschiedene Elemente auf n Plätzen **anzuordnen** ($n \geq m$), wobei das i-te Element k_i-fach verwendet wird und die

Reihenfolge innerhalb dieser k_i-Elemente unwichtig ist:

$$\frac{n!}{k_1!\cdot k_2!\cdot\ldots\cdot k_m!}$$

- Anzahl der Möglichkeiten, k Elemente einer n-elementigen Menge **anzuordnen**, wobei jedes Element mehrfach verwendet werden darf:

$$n^k$$

- Anzahl der Möglichkeiten, k Elemente aus einer n-elementigen Menge **auszuwählen**, wobei ein Element mehrfach ausgewählt werden darf:

$$\frac{(n+k-1)!}{(n-1)!\cdot k!} = \binom{n+k-1}{k}$$

Diskrete Zufallsvariable

- Eine Zufallsvariable X ordnet jedem Ergebnis des Ergebnisraums eine reelle Zahl zu. Ist die so erhaltene Wertemenge Ω_X von X *endlich*, so ist X eine **diskrete Zufallsvariable**:

$$X:\Omega \to \Omega_X \subseteq R$$

- Die **Wahrscheinlichkeitsfunktion** p ordnet jedem Wert x aus der Wertemenge Ω_X der Zufallsvariable X eine Wahrscheinlichkeit zu:

$$p: \Omega_x \to [0;\,1]$$

Die Wahrscheinlichkeit eines bestimmten Werts $x_i \in \Omega_X$ schreibt man als $P(X = x_i)$.

Die Graphen der Wahrscheinlichkeitsfunktion einer diskreten Zufallsvariable sind Stabdiagramme oder Histogramme.

- Die **Verteilungsfunktion** F einer Zufallsvariable X ist die Summe der Wahrscheinlichkeiten aller Werte x_i für X, die unter eine vorgegebene Schranke x fallen:

$$P(X \leq x) = F(x) = \sum_{x_i \leq x} P(X = x_i)$$

  F nimmt dabei reelle Zahlen zwischen 0 und 1 an.

  $$F: \Omega_X \rightarrow [0; 1]$$

  Der Graph der Verteilungsfunktion einer diskreten Zufallsvariable ist der einer unstetigen Treppenfunktion.

- Der **Erwartungswert** einer Zufallsvariable ist derjenige Wert, den man „im Mittel" erwarten kann. Er entspricht dem, was man bei einer Stichprobe als Mittelwert bezeichnet:

$$E(X) = \sum_{\omega \in \Omega} X(\omega) \cdot P(\omega)$$

$$= \sum_{k=1}^{n} k \cdot P(X = r_k)$$

  Die zweite Summe ist meist die praktikablere, wenn X vielen Ergebnissen des Ergebnisraums Ω die gleiche reelle Zahl zuordnet und damit die Anzahl n der verwendeten reellen Zahlen kleiner ist als die Mächtigkeit des Ergebnisraums. Den Erwartungswert schreibt man oft mit dem griechischen Buchstaben μ:

  $$\mu = \mu(X) = E(X)$$

- Die Werte einer Zufallsvariable können um ihren Erwartungswert *streuen*. Das Ausmaß dieser Streuung gibt die **Standardabweichung** an:

$$\sigma(X) = \sqrt{\sum_{\omega \in \Omega} (X(\omega) - \mu)^2 \cdot P(\omega)}$$

  Einen Sonderfall dieser Formal erhält man, wenn alle Ergebnisse des Ergebnisraums Ω mit der gleichen Wahrscheinlichkeit eintreten. Hat der Ergebnisraum die Mächtigkeit n gilt nämlich gerade $P(\omega) = \frac{1}{n}$ und man erhält:

$$\sigma(X) = \sqrt{\int_{-\infty}^{\infty} (x - \mu)^2 f(x) dx}$$

Stetige Zufallsvariable

- Eine Funktion f heißt **Dichtefunktion**, wenn sie erstens nur nichtnegative Funktionswerte hat und sie zweitens überall integrierbar ist, wo $f(x) > 0$ ist, und der Wert des Integrals 1 ergibt:

  (1) $f(x) \geq 0$ für alle $x \in R$

  (2) $\displaystyle\int_{-\infty}^{\infty} f(x)dx = 1$

- Ist die Wertemenge Ω_X einer Zufallsvariable X *unendlich*, so ist X eine **stetige Zufallsvariable**.

- Die **Verteilungsfunktion** F einer stetigen Zufallsvariable X mit der Dichtefunktion f ist eine Stammfunktion von f. Das Integral bis zu einer Obergrenze x ist ein Maß für die Wahrscheinlichkeit, mit der X Werte bis höchstens x annimmt:

$$P(X \leq x) = F(x) = \int_{-\infty}^{x} f(t)dt$$

Bei stetigen Zufallsgrößen lassen sich Wahrscheinlichkeiten nur für Intervalle angeben und nicht für einzelne Werte von X. So ist

$$P(a < X < b) = F(b) - F(a)$$

aber es gilt stets

$$P(X = x) = 0$$

Man beachte, dass es bei stetig verteilten Zufallsvariablen egal ist, ob man $\leq$ oder $<$ schreibt:

$$P(a < X < b) = P(a < X \leq b) = P(a \leq X < b) = P(a \leq X \leq b)$$

- Der **Erwartungswert** einer stetigen Zufallsvariable X mit der Dichtefunktion f ist:

$$\mu(X) = \int_{-\infty}^{\infty} xf(x)\, dx$$

- Die **Standardabweichung** einer stetigen Zufallsvariable X mit der Dichtefunktion f ist:

$$\sigma(X) = \sqrt{\int_{-\infty}^{\infty} (x-\mu)^2 f(x) dx}$$

Binomialverteilung

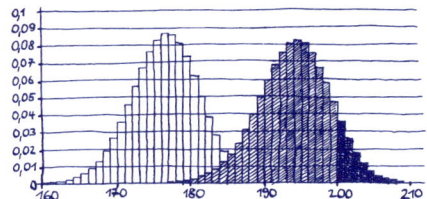

- Der Ergebnisraum eines **Bernoulli-Experiments** ist:

$$\Omega = \{0,1\}$$

Dabei stehen die 1 für einen Treffer und die 0 für eine Niete im Sinne des Experiments.

- Der Ergebnisraum eines **n-stufigen Bernoulli-Experiments** ist:

$$\Omega = \{0,1\}^n$$

Die Elemente dieses Ergebnisraums sind alle Zeichenketten der Länge n (n-Tupel), deren Stellen nur mit 0 oder 1 besetzt sind.

- Die Wahrscheinlichkeit dafür, dass an genau k **vorgegebenen** Positionen eines n-stufigen Bernoulli-Experiments ein Treffer erfolgt, liefert die **Bernoulli-Kette**:

$$p^k (1-p)^{n-k}$$

Dabei ist p die Trefferwahrscheinlichkeit.

- Die Wahrscheinlichkeit dafür, dass an **irgendwelchen** k Positionen eines n-stufigen Bernoulli-Experiments ein Treffer erfolgt, liefert die **Bernoulli-Formel**:

$$B(n;p;k) = \binom{n}{k} p^k \cdot (1-p)^{n-k}$$

- Die Wahrscheinlichkeitsfunktion

$$B(n;p) : k \mapsto B(n;\, p;\, k)$$

  ist die **Binomialverteilung** $B(n;\, p)$ mit den Parametern n und p.

- Eine Zufallsvariable X heißt **binomialverteilt** zur Verteilung $B(n;\, p)$, wenn für sie gilt:

$$P(X = k) = B(n;\, p;\, k)$$

- Der **Erwartungswert** einer binomialverteilten Zufallsvariable X ist:

$$E(X) = n \cdot p$$

  Der gerundete Erwartungswert liefert nicht notwendigerweise die wahrscheinlichste Trefferzahl k einer Bernoulli-Kette. Die wahrscheinlichste Trefferzahl k ist immer der ganzzahlige Anteil des Produkts $(n+1) \cdot p$. Der gerundete Erwartungswert ist damit zwar „meistens" identisch, kann aber auch um 1 kleiner sein. Ist das Produkt ganzzahlig, so gibt es sogar noch eine zweite Trefferzahl, die mit der gleichen maximalen Wahrscheinlichkeit eintritt: $k - 1$.

- Die **Standardabweichung** einer binomialverteilten Zufallsgröße X ist:

$$\sigma(X) = \sqrt{n \cdot p \cdot (1-p)}$$

Normalverteilung

- Die Dichtefunktion der Standardnormalverteilung ist:

$$\varphi(x) = \frac{1}{\sqrt{2\pi}} e^{-\frac{1}{2}x^2}$$

Man nennt sie auch **Gaußfunktion** und ihren Graphen **Gauß'sche Glockenkurve**. Die Glockenkurve ist achsensymmetrisch zur y-Achse.

- Durch die Gaußfunktion werden solche normalverteilten Zufallsvariablen X beschrieben, für die gelten:

$$\mu(X) = 0 \text{ und } \sigma(X) = 1$$

Solche Zufallsvariablen nennt man **standardisiert**.

- Die zur Gaußfunktion zugehörige Verteilungsfunktion ist die **Gauß'sche Integralfunktion**. Sie liefert die Fläche, die die Gaußfunktion mit der x-Achse bis zu einer vorgegebenen Begrenzung x einschließt:

$$\Phi(x) = \int_{-\infty}^{x} \varphi(t)\,dt = \frac{1}{\sqrt{2\pi}} \int_{-\infty}^{x} e^{-\frac{1}{2}t^2}\,dt$$

Für die Funktionswerte von Φ gilt stets, dass sie zwischen 0 und 1 liegen. Wegen der Achsensymmetrie von φ gilt außerdem: $\Phi(-x) = 1 - \Phi(x)$.

- Wenn für Erwartungswert und Standardabweichung einer Normalverteilung andere Werte als $\mu = 0$ oder $\sigma = 1$ vorliegen, spricht man von der **allgemeinen Normalverteilung** φ_{μ,σ^2}. Man erhält sie aus der Standardnormalverteilung durch eine lineare Transformation:

$$\varphi_{\mu,\sigma^2}(x) = \frac{1}{\sigma} \varphi\left(\frac{x-\mu}{\sigma}\right)$$

- Die Verteilungsfunktion zur allgemeinen Normalverteilung ist entsprechend:

$$\Phi_{\mu,\sigma^2} = \Phi\left(\frac{x-\mu}{\sigma}\right)$$

Testen von Hypothesen

- Der α-Fehler ist die Wahrscheinlichkeit, mit der eine zutreffende Hypothese H_0 irrtümlich abgelehnt wird.

- Der β-Fehler ist die Wahrscheinlichkeit, mit der eine nicht zutreffende Hypothese H_0 irrtümlich angenommen wird.

- **Signifikanztests** sind Tests, die die Hypothese einer vorgegebenen Wahrscheinlichkeitsverteilung auf einem betimmten **Signifikanzniveau** untersuchen. Das Signifikanzniveau legt den α-Fehler fest.

Chi-Quadrat-Test

- Der χ^2-Test eignet sich zum **Testen einer Messreihe** hinsichtlich jeder **beliebigen Verteilung**.

- Das χ^2 ist ein **Maß für die Abweichung einer Verteilung** auf Basis beobachteter Häufigkeiten gegenüber den Häufigkeiten einer vorgegebenen Verteilung. Je kleiner der Wert für χ^2 ist, desto besser stimmen beide Verteilungen überein:

$$\chi^2 = \frac{(k_1 - \mu_1)^2}{\mu_1} + \frac{(k_2 - \mu_2)^2}{\mu_2} + \ldots + \frac{(k_n - \mu_n)^2}{\mu_n}$$

Dabei sind k_1, ..., k_n die Anzahl der tatsächlich beobachteten Werte und μ_1, ..., μ_n die Anzahl der erwarteten Werte jeder Klasse 1, ..., n.

- Der χ^2-Test zum Testen von Verteilungen ist ein **Signifikanztest**, dessen Güte sich durch ein möglichst hohes Signifikanzniveau auszeichnet, d.h., ein kleiner Wert für χ^2 impliziert eine hohe Wahrscheinlichkeit für die irrtümliche Ablehnung der Hypothese einer bestimmten Verteilung.

Zum Nachlesen

Literaturverzeichnis

Lust auf mehr? Hier folgt ein kleiner Auszug aus der Statistikliteratur, der die Autoren inspiriert hat und den sie Schüler oder Studenten empfehlen:

[1]   Feuerpfeil, Jürgen; Heigl, Franz: **Wahrscheinlichkeitsrechnung und Statistik N – Leistungskurs**, Bayerischer Schulbuch Verlag, München 1997

[2]   Fischer, Gerd: **Stochastik einmal anders**, Vieweg, Wiesbaden 2005

[3]   Henze, Norbert: **Stochastik für Einsteiger**, Vieweg, Wiesbaden 2006

[4]   Kreyszig, Erwin: **Statistische Methoden und ihre Anwendungen**, Vandenhoeck & Ruprecht, Göttingen 1975

[5]   Lauter, Josef; Rüdiger, Karlheinz: **Mathematik Sekundarstufe II – Wahrscheinlichkeitsrechnung und Statistik**, Schwann, Düsseldorf 1979

[6]   Quatember, Andreas: **Statistik ohne Angst vor Formeln**, Pearson Studium, München 2005

[7]   von Randow, Gero: **Das Ziegenproblem**, Rowohlt 2001

[8]   Schira, Josef: **Statistische Methoden der VWL und BWL**, Pearson Studium, München 2005

[9]   Zöfel, Peter: **Statistik für Psychologen**, Pearson Studium, München 2003

Stichwortverzeichnis

Die Reihe macchiato - das etwas andere Lehrbuch in Cartoonform

Physik macchiato
Kamilla Herber; Thomas Müller
ISBN 978-3-8273-7240-6
14.95 EUR [D]

Chemie macchiato
Kurt Haim; Johanna Lederer-Gamberger; Klaus Müller
ISBN 978-3-8273-7242-0
14.95 EUR [D]

Physik macchiato macht physikalische Grundstrukturen und Zusammenhänge deutlich. Jedes Kapitel beginnt zur Motivation mit einem Beispiel aus dem Alltag oder einer ungewöhnlichen Fragestellung. Chemie macchiato präsentiert auf ungewöhnliche Weise den grundlegenden Chemie-Lehrstoff der allgemeinen und anorganischen Chemie sowie eine Einführung in die Organik.
Cartoons und viele Analogien aus dem täglichen Leben bereiten einen neuen, humorvollen Zugang zur Physik und Chemie.

Pearson-Studium-Produkte erhalten Sie im Buchhandel und Fachhandel
Pearson Education Deutschland GmbH
Martin-Kollar-Str. 10-12 • D-81829 München
Tel. (089) 46 00 3 - 222 • Fax (089) 46 00 3 -100 • www.pearson-studium.de